U0347050

低碳清洁能源科普丛书

庞　柒　主编

治碳有方

红　将　编著

熊日华　赵兴雷　科学指导

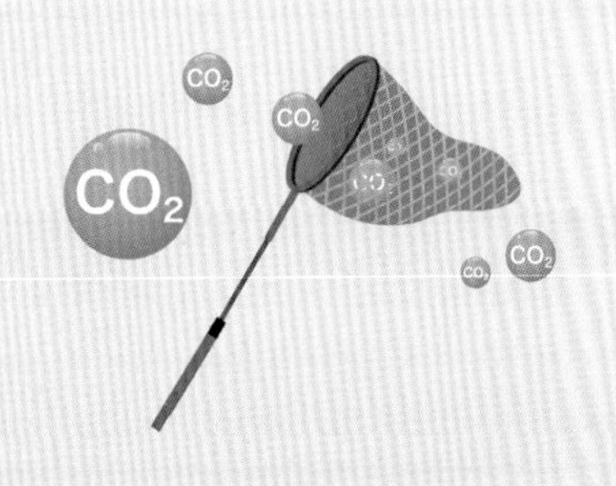

科学普及出版社

·北　京·

图书在版编目 (CIP) 数据

治碳有方 / 红将编著 . -- 北京 : 科学普及出版社 ,2021.12
(低碳清洁能源科普丛书 / 庞柒主编)
ISBN 978-7-110-10410-1

Ⅰ. ①治… Ⅱ. ①红… Ⅲ. ①二氧化碳 - 排气 - 普及读物 Ⅳ. ① X511-49

中国版本图书馆 CIP 数据核字 (2021) 第 266850 号

策划编辑 秦德继 徐世新
责任编辑 薛菲菲 向仁军
责任校对 邓雪梅
责任印制 李晓霖

出　　版 科学普及出版社
发　　行 中国科学技术出版社有限公司发行部
地　　址 北京市海淀区中关村南大街 16 号
邮　　编 100081
发行电话 010-62173865
传　　真 010-62173081
网　　址 http://www.cspbooks.com.cn

开　　本 710mm × 1000mm 1/16
字　　数 162 千字
印　　张 9.5
版　　次 2021 年 12 月第 1 版
印　　次 2021 年 12 月第 1 次印刷
印　　刷 北京瑞禾彩色印刷有限公司
书　　号 ISBN 978-7-110-10410-1/X · 74
定　　价 98.00 元

低碳清洁能源科普丛书

编委会

序

长缨在手缚苍龙

在广袤的宇宙中，名为地球的太阳系第三行星是一个非常特殊的存在，这里是人类和无数生灵共同的家园，拥有庞大而复杂的生态系统。

地球的生态系统是非常坚韧的，从地球诞生至今即使经历了无数次沧海桑田的巨变，仍然丰富多彩、充满活力。然而地球的生态系统又是非常脆弱的，每一次剧烈的气候、地质变化都伴随着无数生灵的陨灭和消逝。每一个物种都会根据所处的环境进行进化，从而让自己更适应当前的环境，人类也不例外，所以目前的地球生态环境正适合人类生存。

那么，当下一次气候剧变来临的时候，消失的会不会是人类？这不是杞人忧天，而是我们有可能面临的未来。

“保护环境、保护生态”并不是空泛的口号，其出发点是为了让我们和我们的子孙后代能够继续生活在这个美丽的星球上。

作为万物之灵，人类是地球生态系统中不可忽视的影响力量，从诞生起就开始用自己的行动影响着生态系统。而随着工业革命的兴起，这种影响变得越来越广泛，使得整个地球生态和气候发生了巨大的变化。

《联合国气候变化框架公约》将“人类活动改变大气组成”定义为“气候变化”，其主要表现为三方面：全球气候变暖、酸雨、臭氧层破坏，其中全球气候变暖对整个地球生态系统的影响最大，可以说直接关系着人类未来的命运。

提到气候变化，“温室气体”是一个必须了解的概念。温室气体是指大气中存在的任何会吸收和释放红外线辐射的气体，它们会在大气层中产生“温室效应”，导致大气温度升高，进而对整个地球生态系统造成影响。

温室效应产生的原理是，由于太阳光的辐射主要是短波辐射，而地面辐射和大气辐射主要是长波辐射，大气中的温室气体对长波辐射的吸收力较强，对短波辐射的吸收力较弱，地球表面则对短波辐射的吸收力较强。白天阳光中的部分能量被地球表面吸收，到了晚上，地球表面以红外线的方式向宇宙散发白天吸收的能量，这些能量中的大部分都会被大气吸收。

由于这个特性，地球的大气层就像是一个封闭的玻璃温室，将阳光中带来的热量保存下来，让地球表面可以保持一个相对稳定的温度，不至于像月球一样白天温度急剧升高，夜晚温度急剧下降。如果没有温室效应，地球的夜晚将会变得非常寒冷，甚至不再适合人类居住。不过温室效应太强的话，吸收的热量过多，这将会导致地球的整体温度升高，从而产生一系列严重的问题。

1997 年，《联合国气候变化框架公约》缔约方第三次大会在日本京都召开，这次大会通过了《联合国气候变化框架公约》的附件——《京都议定书》，确定了将对二氧化碳、甲烷、氧化亚氮、氢氟碳化物、全氟碳化合物、六氟化硫六种温室气体进行控制和削减。在这六种温室气体中，二氧化碳在空气中的含量最高，其浓度提升对全球升温的影响也最大。

空气中二氧化碳增加的原因之一是滥砍滥伐。广袤的森林是地球上吸收和固定二氧化碳的重要仓库之一，1 公顷（1 公顷 =1 万平方米）阔叶林 1 天可以消耗 1 吨左右的二氧化碳，而对森林的过度开发和滥砍滥伐不但使其丧失了吸收二氧化碳的能力，而且被砍伐的木材中的很多都被当作燃料烧掉，导致原本被“存储”起来的二氧化碳又被释放到了空气中。

另外一个让二氧化碳增加的原因，是化石燃料的大量使用。自从工业革命以来，人类开始使用煤、石油、天然气等化石燃料驱动机器，这极大地提高了工作的效率，然而这些燃料燃烧后释放的二氧化碳也进入了大气中，导致大气中的二氧化碳浓度逐年增加，并且增加的幅度正在逐年加快。1860 年以来，由燃烧化石燃料排放的二氧化碳，平均每年增长率为 4.22%，如果按目前的增加幅度推算，到 21 世纪 30 年代，空气中二氧化碳的浓度将达到工业化前的 2 倍左右。

二氧化碳浓度的增加造成温室效应增强，引起地球的气温逐渐升高，将会造成两极冰川融化、海平面上升，许多沿海的土地都会被海水淹没，有些小岛将会沉入海面之下。除此之外，海平面上升同样会给沿海地区造成严重的破坏，上升的海水会侵蚀海岸线、污染淡水，造成沿海湿地及岛屿洪水泛滥，并使河口盐度上升，对沙滩、珊瑚礁、环礁等野生生物栖息地产生巨大的威胁。

与此同时，气温升高也会严重影响地球生态系统的稳定，从而引起严重的气候异常，导致暴雪、暴雨、洪水、干旱、冰雹、雷电、台风等极端气候现象频繁出现。过去 50 年里，极端天气气候事件发生的频率和强度都有所增强，给人类生命财产安全带来极大的危害。

为了应对气候变化，中国本着对本国人民、对全人类利益高度负责的态度，采取了许多积极措施，为保护全球气候系统作出了积极努力和贡献。

2020 年 9 月 22 日，习近平总书记在第七十五届联合国大会一般性辩论上首次提出碳达峰、碳中和的目标。2021 年中华人民共和国人民代表大会全体会议和中国人民政治协商会议全体会议上，碳达峰、碳中和被首次写入政府工作报告。

2021 年 3 月 15 日，习近平总书记主持召开中央财经委员会第九次会议，研究了实现碳达峰、碳中和的基本思路、主要举措和工作重点，明确了碳达峰、碳中和工作的定位，为今后 5 年如何做好碳达峰工作指明了道路。

碳达峰是指某个地区或行业年度二氧化碳排放量达到历史最高值，然后经历平台期进入持续下降的过程，是二氧化碳排放量由增转降的历史拐点。这是中国对世界的庄严承诺。

碳中和是指某个地区在一定时间内人为活动直接和间接排放的二氧化碳，与其通过植树造林等吸收的二氧化碳相互抵消，实现二氧化碳“净零排放”。

碳中和用来减少二氧化碳排放量的手段，一是碳封存，主要由土壤、森林和海洋等天然碳汇吸收储存空气中的二氧化碳；二是碳抵消，通过投资开发可再生能源和低碳清洁技术，减少一个行业的二氧化碳排放量来抵消另一个行业的排放量。

从目前来看，虽然人们正在开发各种洁净、环保的新能源，然而在短时间内仍然无法摆脱对化石燃料的依赖。想要发展经济，让更多的人过上好日子，必然需要使用足够的能源。所以，想要实现碳中和，一方面要“节能”，大力提高能源利用效率，另一方面还必须努力“减排”。

为了应对全球气候变化，减少二氧化碳的排放，植树造林是非常重要的环节。在这个领域，中国取得的成就令世界瞩目。中华人民共和国自成立开始，就持续投入了大量的人力、物力进行植树造林的工作；进入 21 世纪，更是采取了包括退耕还林、生态整治、防风固土等一系列举措，取得了令人惊叹的成果，在卫星照片上都可以看到，不少原先荒芜的沙漠变成了生机勃勃的绿色森林。

但是，仅靠植树造林增加碳汇，还不足以缓解目前的危机。人们急需一种更为有效的手段，即采用人工碳汇的方式，化解二氧化碳排放带来的影响。这时，一项逐步兴起的新技术进入了人们的视野，并日益受到世界各国的重视，这就是碳捕集、利用与封存技术。它是从碳捕集与封存技术发展进化而来的。

碳捕集与封存（Carbon Capture and Storage，CCS）技术是指将二氧化碳气体从工业或相关排放源中分离出来，输送到封存地点，并通过技术手段使其长期与大气隔绝。与其他减排技术相比，碳捕集与封存技术可以用较低的代价，在工业、电力生产的过程中大规模减少二氧化碳排放，并使得这些二氧化碳气体在数千、数万年，甚至更长的时间里都不会被再次释放到大气中，从而实现“一劳永逸”。

碳捕集、利用与封存（Carbon Capture，Utilization and Storage，CCUS）技术是碳捕集与封存技术的延伸，涵盖的范围更广。其中，二氧化碳利用技术是把捕集的二氧化碳进行提纯，然后投入新的生产过程中，在固化及封存的同时，实现二氧化碳的资源化利用，从而产生一定的经济效益。

实现碳达峰、碳中和，进而从根本上解决发展经济与保护环境之间的矛盾，更为合理和有效的方式是能源替代，即使用清洁能源代替现今作为能源主力的化石能源，但这种替代不是短时间内能够完成的。目前，中国的能源消耗仍然以煤炭为主，燃煤发电占国内电力供给的大部分，为了在保证经济发展的同时，控制二氧化碳的排放，实现碳达峰、碳中和，碳捕集、利用与封存技术将起到重要作用。这项技术可以为化石能源实现减排提供保障。可以说，有了碳捕集、利用与封存这项技术，我们一定能缚住二氧化碳这条“肆虐的苍龙”，实现未来的绿色生活。

低碳清洁能源科普丛书编委会
2021 年 10 月

目录

努力实现高水平科技自立
为实现碳达峰碳中和目标我们在行动

第一章 应运而生的碳捕集、利用与封存技术

古时候，有个猎人将狩猎途中得来的一只小虎崽抱回家饲养，随着时间的推移，小虎崽逐渐变成大老虎。终于有一天，猎人外出归来，发现家中饲养的老虎嘴角上残留着血渍，而他的妻儿却都不见了。猎人见状大惊，然而还没等他回过神来，那只被他养大的老虎已猛地朝他扑来，几口便将猎人咬死了……

这个悲剧也许只是个传说，真正“养虎遗患”的事情即便会有，也绝不会多，毕竟看得见的猛兽很容易令人们避而远之。

然而，看得见的猛兽易躲，隐形的“魔爪”难防。随着人类文明的不断进步，一种堪比猎人养虎的威胁，已悄悄伴随着社会发展，在我们身边一点一点壮大……没错！这个威胁就是如今让全球总动员，“节能”“减排”所针对的环境大敌——过量的“碳排放”。

无碳不欢的地球生态圈

地球上碳元素的分布非常广泛，可以说是无处不在，以碳元素为核心衍生出了无数复杂的化合物。这些化合物组成了千姿百态的生命，一同构成了我们这个丰富多彩的美丽世界。可以毫不夸张地说，碳元素是这个世界的基础，包括人类在内，地球上几乎所有的生命都是“碳基生物”。

假如地球是个碳工厂

在地球的生态圈中，碳元素是在不停循环运动着的，我们可以将这个过程称为碳循环。简单来说，植物通过光合作用将空气中的二氧化碳转化成各种有机物存储

▲ 地球生态圈

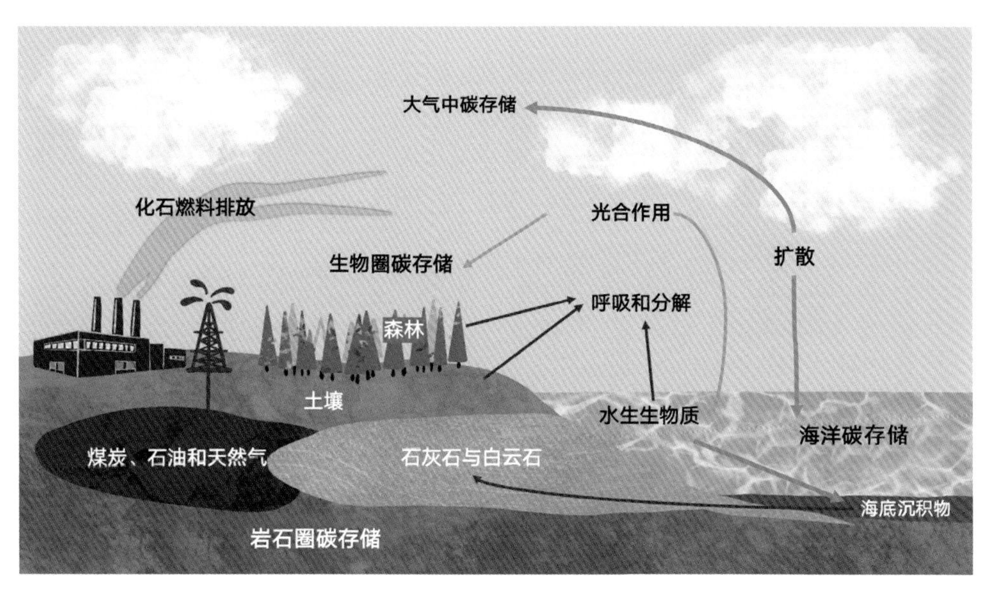

▲ 碳循环过程

起来，其中的碳元素通过食物链在植物、动物之间进行传递，最终通过各种动物、植物和微生物的呼吸作用重新变成二氧化碳进入空气。这就完成了碳元素从简单的无机物到复杂的有机物，再从有机物到无机物的一个循环。

不过现实中的碳循环要复杂得多。动、植物的遗体会因为地壳运动而被掩埋在地层深处，变成煤、石油、天然气等矿藏被封存起来，空气中的二氧化碳会大量溶解在海洋、湖泊等水系之中，还可能和钙、镁等元素形成稳定的无机物沉积在地层中，这些都是地球上自然碳循环的重要组成部分。碳循环让地球上的碳元素处于一个动态平衡，近百万年以来，大气中二氧化碳的含量基本上保持稳定，对于保持地球表面的温度稳定起到了非常重要的作用。

作为地球生态圈的一分子，人类同样是碳循环的重要组成部分。

从用火开始的人为碳排放

早期的人类在碳循环中的地位和其他动物并没有太大的区别，同样都是通过呼吸排放二氧化碳，不过当人类发现了“火”这一强大的工具之后，一切都变得不同了。

火在黑夜中为人类带来了光明，还可以用来取暖御寒、驱逐野兽、制作熟食，是人类文明进步的重要标志之一。而火在燃烧碳元素释放光和热的同时，还会产生

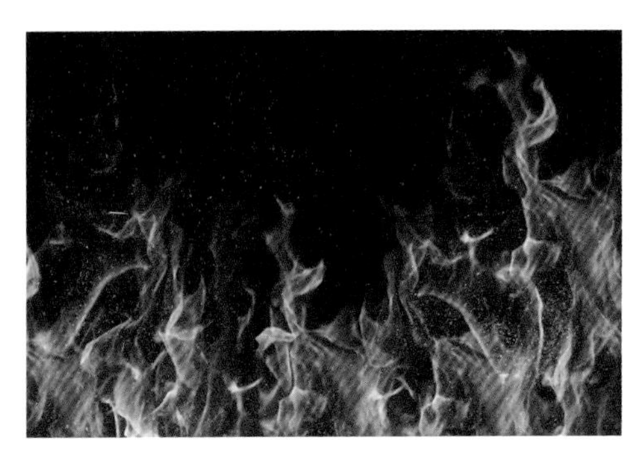

▲ 火在黑夜中为人类带来了光明

▲ 火是人类文明进步的重要标志之一

二氧化碳。

最初我们祖先使用的燃料是干草和枯枝，当足够锋利的伐木工具被发明出来之后，森林中的参天大树就开始变成炉火中燃烧的木柴，这些燃料大都被用于取暖、烹饪等日常生活中。

随着人类族群的扩大和科学技术的进步，出现了包括金属冶炼、陶瓷烧制等在内的更多需要，对于燃料的需求开始不断提升，同时排放的二氧化碳也开始迅速增加。不过对于整个地球生态系统来说，此时人类排放二氧化碳所造成的影响仍然十分有限，相比之下，森林被砍伐造成的水土流失和沙漠化对自然生态的影响更加严重。

如果人类社会的生产力始终保持在农耕文明的水平，那么人类对整个地球

▲ 埋藏在地下的化石燃料被转化为推动人类社会发展的动力

碳循环的影响也将局限在一个较小的范围内，但是工业革命的到来改变了这个状态。

工业化大生产是工业革命的特征，包括改良蒸汽机在内的一系列科学技术革命带来了生产力的极大飞跃，让人类文明开始从手工生产向动力机器生产转变。

工业革命让人类对能源的需求提升到了一个全新的高度。机械化大生产需要充足的动力来支持，无论是最初的蒸汽机还是后来的内燃机，对于燃料的需求都不是当时的生物燃料能够满足的，所以人类把目光转向了埋藏在地下的化石燃料。

▲ 随着人类族群的扩大和科学技术的进步，对燃料的需求也在不断提升

化石燃料包括煤、石油、天然气等，是古代生物的遗骸在地下经过数十万、数百万甚至数千万年的变化生成的，拥有极高的能量密度，燃烧时释放出的热量远超木柴，非常适合作为动力机械的燃料使用。

随着工业革命的高歌猛进，人类社会的科学技术、经济水平、人口规模都取得了令人惊叹的发展，与此同时，对能源的需求也越来越大。

在巨大的需求之下，埋藏在地下的化石燃料被挖掘出来，在各种各样的蒸汽机、内燃机里燃烧，转化成推动人类社会进步的动力。化石燃料中的碳元素原本深埋在地壳深处，现在得以重现天日，重新加入地球生态系统的碳循环中来。随着化石燃料的燃烧，数量惊人的二氧化碳被释放出来，进入地球的大气层。

令地球“中暑”的厚棉袄

二氧化碳是温室气体，对保持地球表面温度具有十分重要的作用，但当二氧化碳的浓度过高，就像是给地球穿上了一件厚厚的棉袄，从而让地球的“体温”逐渐升高。

早在 1896 年，诺贝尔化学奖得主、瑞典化学家斯万特 · 奥古斯特 · 阿雷纽斯

（Svante August Arrhenius）就指出，化石燃料的燃烧将会增加大气中的二氧化碳浓度，从而导致全球变暖，而这些年的气候变化记录证实了他的观点。

经过多年的研究，科学家使用计算机对未来地球的气候进行了模拟计算，结果显示到 2100 年，地球表面的平均温度将比 1990 年提高 1.4 ~ 5.8 摄氏度，这将是近万年以来增速最快的 100 年。作为对比，1900—1990 年，地球表面的平均温度的增加值不过是 0.6 摄氏度。

气温的增加会导致一系列严重的问题，例如两极冰川融化，海平面上升，局部荒漠化，极寒、高温、暴风、强降水等极端气候频繁出现，造成永久冻土、森林、草甸等生态体系缩小甚至消失，从而严重破坏地球现存的生态系统。

作为地球生态的一部分，我们人类同样无法独善其身。海平面上升将会淹没城市，让无数人失去家园，也会吞噬万亩良田。破坏性的极端气候不但会引发洪水，还会让农业减产，甚至引发饥荒。

治碳有方，才有未来

越来越多的人已经开始意识到，过量排放的二氧化碳及其引发的温室效应已经威胁到人类的未来，所以才有了《联合国气候变化框架公约》，让世界上的主要

▲ 地球增温

▲ 治碳有方，才有未来

国家联合起来应对这场日益迫近的灾难。

中国是一个正在高速前进的发展中国家，人民的幸福生活需要以经济社会的发展为基础，我们不可能因为担心二氧化碳带来的温室效应就放弃发展、放弃科技，重新回到刀耕火种的原始社会。同样，我们也不会对自身的责任视而不见，我们会用自己的智慧和力量，尽全力去解决发展过程中出现的问题。

▲ 过量排放的二氧化碳已经威胁到了人类的未来

2020年，习近平总书记提出中国要实现在2030年前碳达峰和2060年前碳中和的伟大目标，不但体现了中国作为负责任大国所具有的责任和担当，也为中国未来的发展指明了方向。

▲ 使用煤炭作为燃料的火力发电厂是二氧化碳排放大户

生存还是毁灭，这是个问题

有人会说，既然化石燃料的燃烧会释放二氧化碳，引发温室效应，那我们不使用化石燃料不就行了？很遗憾，目前还做不到。

人类社会的运行和发展需要大量的能源，现代社会人们的衣食住行都离不开能源的推动。想要发展经济，过上更好的日子，更需要大量能源的支持。

虽然太阳能、核能、风能、水能等新能源技术已经得到了极大的发展，并且代表了未来发展的趋势，但目前的状况是这些技术仍然有许多限制，距离完全满足人类社会规模巨大的能源需求还有很长的路要走。

难以抛弃的化石燃料

目前，火力发电仍然是世界上最重要的电力来源。根据国际能源署（International Energy Agency，IEA）的测算，2020 年化石燃料（包括煤炭和天然气）占世界全部电力供应量的比例为 61% 左右。这些化石燃料的燃烧在提供了人类社会所需大部分能量的同时也释放出数量惊人的二氧化碳。

在中国的能源矿产储量和产量中，煤炭占据了相当重要的部分。无论是出于经济成本还是能源安全的考虑，使用煤炭发电的火力发电厂都是现阶段最现实可行的选择，并且在今后很长一段时间里仍然将在中国的能源结构中占据重要的位置。

除发电之外，包括车辆、飞机、轮船等在内的各种交通运输工具同样是二氧化碳的重要排放源。以普通的家用汽车为例，1 辆家用汽车每行驶 100 千米就要排放数十千克的二氧化碳，飞机的二氧化碳排放量更是惊人。虽然采用电能、氢能等能源技术可以在一定程度上减少二氧化碳的排放量，但发电和制备燃料氢同样需要消耗能源并释放二氧化碳。

在当前以及可以预见的未来，化石燃料的燃烧仍将是人类社会获取能源的重要方式，而这毫无疑问将会继续增加二氧化碳的排放，进一步提高大气中二氧化碳的含量，从而加剧整个地球的温室效应。

▲ 煤仍旧是人类目前主要的化石燃料之一

▲ 植物的光合作用，是整个地球碳循环的重要组成部分

说到这里肯定有人想到，既然化石燃料的使用和二氧化碳的产生无法避免，那我们可不可以把产生的二氧化碳处理掉呢？答案当然是肯定的。

长效控碳与强效治碳

提到二氧化碳的捕集和存储，我们首先想到的就是植物的光合作用。植物通过光合作用将空气中的二氧化碳转化成有机化合物，用这种方式将光能转化为化学能存储起来，并以食物链的形式提供给其他生物，这是整个地球碳循环重要的组成部分，也是整个地球生态的基础。如果想要捕集和存储更多的二氧化碳，就需要更多的植物，说到这里，大家马上就会想到植树造林，因为这是我们一直努力的方向。

▲ 想要收集和储存更多的二氧化碳，就需要更多的植物

中国是世界上植树造林面积最大的国家。截至2019年，中国的森林覆盖率接近23%，其中超过三分之一都是人工种植出来的。在全球森林资源总体下降的大背景下，中国在保持经济高速增长的同时实现了森林面积与森林蓄积量的连续性增长，造就了世所罕见的伟大奇迹。广袤的森林就像是一座座庞大的“碳仓库”，不停地吸收着空气中的二氧化碳，并将其存储起来，为改善环境作出了令人瞩目的巨大贡献。

▲ 吉林油田二氧化碳驱油项目井场

虽然森林的作用非常重要，不过仅靠森林来对抗不断增长的碳排放并

不现实。

首先，森林捕集并存储的碳元素并不稳定，在全球范围内，森林资源的规模在不断下降，火灾、砍伐、过度开发都是森林消失的原因，被砍伐的森林不但没法继续起到捕集、存储空气中二氧化碳的作用，反而会将之前固定的碳元素释放出来，重新变成二氧化碳气体回到大气中，进一步增加了大气中二氧化碳的浓度。

其次，森林本身生长速度有限，对于二氧化碳进行捕集固定的效率并不高，因而总量十分有限，很难满足在工业生产条件下的固碳需求。

在这种情况下，碳捕集、利用与封存技术应运而生。

来自石油工程师的创意

碳捕集、利用与封存技术包括二氧化碳的捕集、运输、利用、封存等一系列复杂的操作，是一个综合性非常强的复合技术体系，是稳定大气中二氧化碳浓度的重要手段之一，经过多年的发展，已经成为目前极具前景的消减碳排放技术。

20 世纪 70 年代，碳捕集、利用与封存技术的雏形出现在美国，不过最初的目的并不是封存二氧化碳，而是开采埋藏在地下岩层中的石油。

▲ 碳捕集、利用与封存技术源自石油开采

当时的美国石油工程师向地下的岩层中注入压缩的二氧化碳气体，利用二氧化碳与石油的相互作用，达到增加石油产量的目的。这种技术称为强化采油技术。

使用强化采油技术时，注入地下含油岩层中的二氧化碳会溶解在原油中，使其碳酸化，从而增加原油的流动性，还会让原油的体积大幅膨胀，增加原油内部的压力，显著降低原油的黏稠度，让原油的开采更容易。

大量的二氧化碳还有溶解气驱的作用。随着石油的开采，原油内部压力下降，二氧化碳就会从原油中逸散出来，占据了一定的孔隙空间，从而产生气体驱动力，将原油从缝隙中挤出来，达到增产的目的。

原油开采出来之后，可以使用碳捕集技术将原油和石油气中的二氧化碳收集起来，并进行循环利用。

在使用强化采油技术开采石油的过程中，科学家们注意到大量的二氧化碳被封存在地下，并不会重新回到大气中，这个发现为二氧化碳的长期封存提供了依据。

随着对二氧化碳造成的温室效应越来越关注，人们开始在强化采油技术的基础上探索用这种方式来存储二氧化碳的可能性，随后提出了碳捕集、利用与封存技术的概念。

◆第一战役：碳捕集

大气中的二氧化碳浓度虽然在逐年提升，但仍然只占大气成分中很小的一部分，直接捕集空气中的二氧化碳，以现有技术水平，无论从效率还是效益方面都无法满足大规模运行的需要。

碳捕集的目标是化石燃料燃烧后产生的废气，这是一种成分复杂的混合气体，

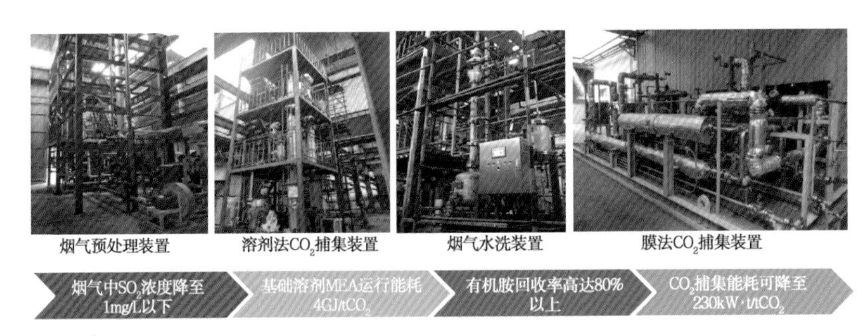

▲ 国家能源投资集团有限责任公司（以下简称国家能源集团）所属北京低碳清洁能源研究院（以下简称国家能源集团低碳院）二氧化碳捕集技术示范平台

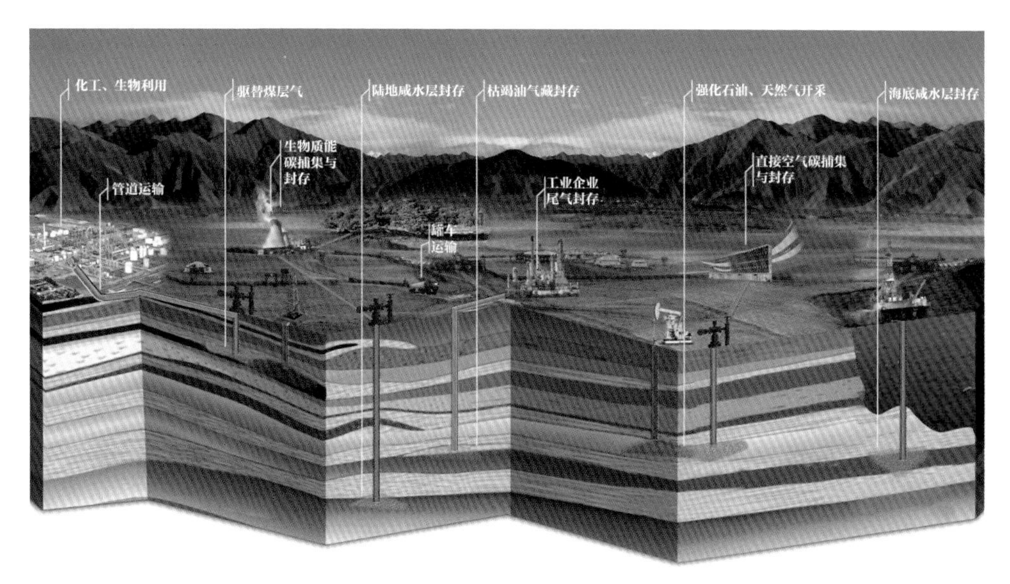

▲ 碳捕集、利用与封存技术及主要类型示意图（来自《2021 中国 CCUS 年度报告》）

来源相对集中，利于大规模工业化收集体系的建立，而且二氧化碳在其中占较大比重，具有捕集的价值。碳捕集就是通过物理、化学等手段将这种混合气体中的二氧化碳分离并收集起来。

碳捕集的原理并不复杂，初中化学课上有一个实验——将蜡烛燃烧产生的气体导入氢氧化钙溶液中，可以看到原本澄清的溶液开始出现混浊。原理是空气中的二氧化碳和水中溶解的氢氧化钙发生反应，生成水和不溶于水的碳酸钙，从而造成液体混浊。

从碳捕集的角度来看，这个实验所表现的就是碳捕集的途径之一——化学吸收法，即采用氢氧化钙溶液对二氧化碳进行收集，并以碳酸钙的形式固定下来。不过由于氢氧化钙的溶解度不高，对于二氧化碳的吸收效果远远达不到工业生产所需的水平，所以并没有大规模采用的价值。普遍采用的化学吸收法是使用特定的吸收剂，在反应塔内进行二氧化碳的吸收，具有很高的收集效率，并且可以循环重复使用。

除化学吸收法之外，碳捕集还有物理吸收、吸附分离、膜分离、深冷分离等多种方法，目前部分技术已从实验室走向实际应用。

◆第二战役：碳利用

被捕集的二氧化碳一般会被进一步压缩，并使用高压储罐或管道运往不同目的

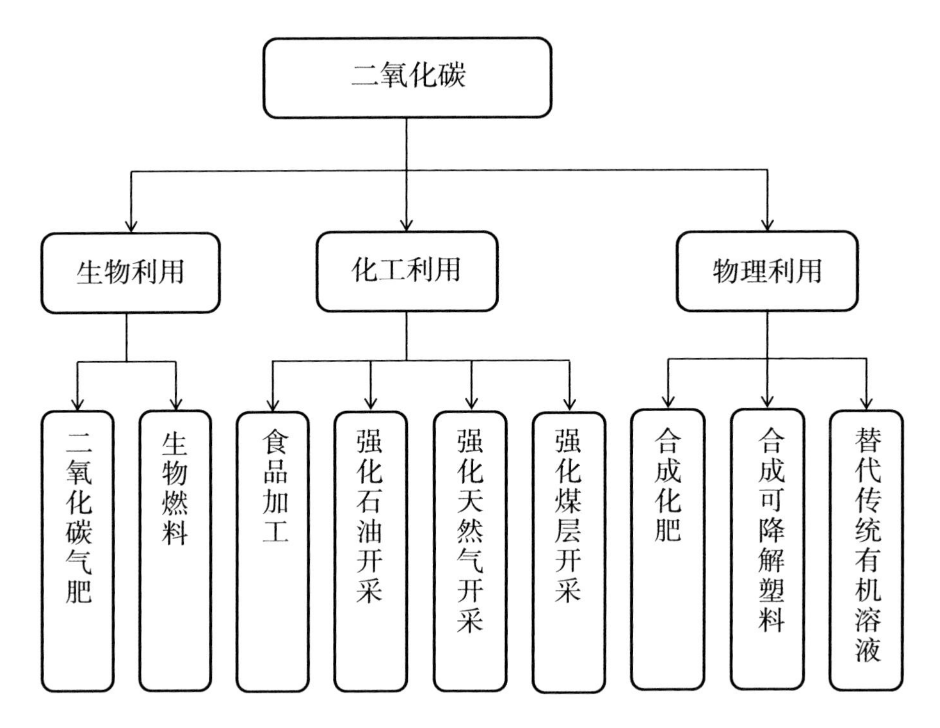

▲ 二氧化碳的多种用途

地，对这些被压缩的二氧化碳进行“利用”或“封存”。

二氧化碳的用途非常广泛，除了前面提到的用于强化石油开采，还可以用于强化天然气、煤层气等矿藏的开采。

除此之外，二氧化碳还可以作为工业原料，用于生产多种无机或有机化工产品，例如碳酸盐、碳酸氢盐、尿素、碳酸乙二醇酯、水杨酸等。

近年来，随着相关研究不断深入，二氧化碳在化学合成中的应用越来越广泛，开始应用在包括合成工程塑料、环保树脂材料在内的多个领域，成为化工生产中重要的碳源材料。

1969 年，日本油封公司发现使用二氧化碳和环氧丙烷可以得到一种新型的聚合物，这种聚合物具有良好的环境可降解性。

1994 年，美国科学家成功开发出利用二氧化碳和环氧丙烷进行工业化生产的生产工艺，并且以该反应为基础，开发出了更多新型可降解塑料。

2021 年，国家能源集团国电电力锦界电厂建成 15 万吨 / 年规模的二氧化碳捕集项目，这是国内最大的燃煤电厂烟气二氧化碳捕集项目，项目同期建成了千吨级吸附法示范装置，也是国内目前规模最大的吸附法碳捕集装置。

随着中国经济的高速发展，对于能源的需求将会越来越高，在努力发展清洁能源的同时，高度依赖化石燃料特别是煤炭的总体格局在很长一段时间内不会改变。除能源产业之外，钢铁、化工、水泥等产业都会产生大量的二氧化碳，给地球带来越来越重的压力。

在这种情况下，碳捕集、利用与封存技术成为降低碳排放的重要方法之一，受到了各个领域的关注，纷纷加大了在这个方面的研究投入，使其在未来成为减少碳排放的重要途径，对于中国力争 2030 年前实现碳达峰、努力争取 2060 年实现碳中和具有非常重要的意义。

▲ 国家能源集团湖南公司宝庆电厂

碳捕集、利用与封存技术的发展

二氧化碳的减排与我们赖以生存的地球环境息息相关。碳捕集、利用与封存是应对全球气候变化的关键技术之一，从20世纪70年代诞生至今，这一技术越来越被世界各国所重视。虽然该项技术在产业化方面还存在困难，但随着技术的进步及成本的降低，它的应用范围也在逐渐扩展，即将迎来光明的前景。

工业生产领域一直是碳捕集、利用与封存技术大显身手之处，因为现代工业生产中的二氧化碳的排放源很多，像水泥厂、钢铁厂、发电厂及炼化厂等，都是二氧化碳的排放大户。目前，各个行业都针对二氧化碳的排放问题展开了碳捕集、利用与封存的研究和探索，并根据自身行业的特点，形成了多种碳捕集、利用与封存的技术方法。

将“流窜”到大气中的二氧化碳捕集并聚集起来，并不是最终目的。治理二氧化碳有两种途径：捕集并封存是治标的手段；治本的方法则是将捕集来的二氧化碳加以利用，使其以“新面目”回到自然界，参与到碳循环中去，也就是说，将二氧化碳进行资源化利用，使其产生经济效益。

虽然中国的碳捕集、利用与封存项目起步较晚，但随着工业化进程的加快，这方面的研究也提上了日程，并取得了很多成就。

国内新兴的二氧化碳利用方向主要有二氧化碳加氢制甲醇、二氧化碳加氢制异构烷烃、二氧化碳加氢制芳烃和二氧化碳甲烷化重整等，此外还开展了二氧化碳新型再利用技术，应用于食品、精细化工等行业。国内多家企业和科研机构在这些领域都取得了突破，为二氧化碳的利用指引了新的路径。

微藻固碳技术如今仍在起步阶段，但国内已经开始了这方面的探索。2010 年，新奥集团在内蒙古自治区达拉特旗利用这项技术，将煤制甲醇 - 二甲醚装置的尾气吸收后，一部分用作生产饲料，另一部分用作生物柴油，处理量达 2 万吨。

在现今处于研究探索中的二氧化碳利用技术中，利用二氧化碳驱油这项技术可以取得较好的收益，应用前景较好；而在未来，碳捕集、利用与封存技术将越来越多地与氢能利用相结合。目前，全球 98% 的氢气都是通过燃烧化石能源来产生灰氢，生产过程中会排放出大量的二氧化碳，如果能与碳捕集、利用与封存技术相结合，则可有效减少碳排放，得到相对较为干净的蓝氢。

总体来看，氢能产业和碳捕集、利用与封存技术耦合，可以在保障氢能产业快速发展的同时，促进碳捕集、利用与封存技术在中国的部署，两者相辅相成，正好能够共同发展。而工业和科学技术的进步，将使碳捕集、利用与封存技术更加完善，应用范围更加广泛。

▲ 国家能源集团国神宝清煤电化公司

第二章
追猎无形的神奇之手

在碳捕集、利用与封存技术中，碳捕集是第一步，也是至关重要的一步。只有当二氧化碳的纯度达到一定水平，才能符合后续的应用或封存所需的条件，而绝大多数情况下，二氧化碳都是和其他气体混合在一起，如果没法把二氧化碳从混合气体中“抓出来”，那一切都无从谈起。

渔民需要用渔网才能把鱼从水中捞出来，猎人得设置陷阱才能把逃窜的野兽困住，想要从空气中把二氧化碳这只“老虎”抓出来，我们同样也需要用到特殊的方法。二氧化碳无影无形，却又无处不在，想抓住它可不是一件容易的事情。不过经过不断地研究和实践，人类最终发明出了一只神奇的“手”用来抓捕二氧化碳，这只“手”就是碳捕集技术。

通俗来说，空气中的二氧化碳就像是藏在森林中的狡猾猎物，而碳捕集技术就像是一个经验丰富的猎人，用来准确、迅速地把二氧化碳这个猎物从它藏身的森林中抓捕出来。

二氧化碳是什么

知己知彼才能百战不殆，在迎战二氧化碳之前，我们需要对它有更多的了解，才能做到有的放矢。

人们常说“像呼吸一样自然”，我们每天都在呼出二氧化碳，不过真正开始了解它还是在初中的化学课上。

讲台上，化学老师把蜡烛燃烧后生成的气体通入无色透明的液体之中，液体很快就变得混浊起来，接着老师就会告诉我们，这是因为二氧化碳和溶液中的氢氧化钙发生了化学反应。化学实验让我们对二氧化碳有了直观的认识：这是一种无色、无味的气体，比空气要重一点，一般没什么危险，不过如果浓度太大就会让人窒息。

从化学成分上来说，二氧化碳是碳元素和氧元素组成的碳氧化合物，每个二氧化碳分子由一个碳原子和两个氧原子组成，化学式写作 CO_2。

在常温常压的环境下，二氧化碳是一种无色、无味的气体，在 527 千帕压力下，

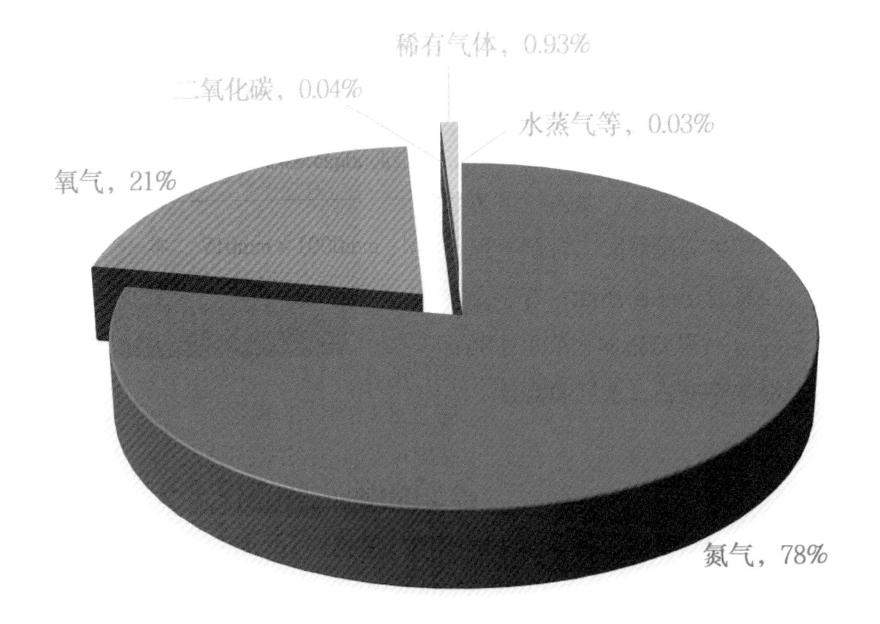

▲ 大气中二氧化碳的占比

其熔点为 -56.6 摄氏度；在 101.325 千帕压力下，其沸点为 -78.5 摄氏度；标准状态下，其密度比空气大。固态的二氧化碳称作“干冰”，在常温常压下会直接升华成二氧化碳气体，同时大量吸收周围的热量，这一特性让它在很多领域被用来冷却降温。

▲ 干冰

二氧化碳的化学性质相对稳定，本身不能燃烧，也不支持燃烧，即使在高温下也很难分解。二氧化碳可以溶解在水中，并与水反应生成碳酸，也可以溶解于大多数有机溶剂。看到这个特性，恐怕有很多人应该想到该用什么“抓住”它了吧。

二氧化碳是大气的重要组成成分之一，约占大气总体积的 0.04%。虽然总体含量不高，但对于整个地球生态圈的运转具有重要的意义，因为它是植物进行光合作用的重要原料，植物通过光合作用将二氧化碳转化成有机化合物存储起来，从而为整个地球生态系统提供能量，可以说是整个地球生态圈的“衣食父母”之一。

二氧化碳有一个“兄弟”叫作一氧化碳，化学式写作 CO。这是一种剧毒气体，少量吸入就可能会引起窒息甚至死亡，是引起煤气中毒的罪魁祸首。跟这个“狠毒”的兄弟相比，二氧化碳的“性格”要温柔得多，低浓度的二氧化碳没有毒性，高浓度的二氧化碳则会导致动物窒息。随着近年来人类社会大规模工业活动的影响，大量的化石燃料燃烧产生的二氧化碳被排入大气，造成大气中二氧化碳的含量逐年增加。二氧化碳是大气中重要的温室气体，对于保持地球表面温度起到了重要的作用，不过当空气中的二氧化碳含量增加，就会加剧地球表面的温室效应，导致气温升高、极端气候等一系列严重的问题。

在我们的生产生活中，二氧化碳的用途非常广泛，例如，啤酒和碳酸饮料中都会添加二氧化碳，在炎炎夏日中给我们送来一丝沁人心脾的清凉，还可以用于食品保存、灭火、化工合成、强化采油等领域。

根据二氧化碳这些理化性质，我们可以有针对性地设计出捕集它的“陷阱”，

▲ 火力发电厂是二氧化碳的主要排放源

让它无处可逃。例如，把二氧化碳通入氢氧化钙溶液中，与之发生反应，生成不溶于水的碳酸钙沉淀，这就是捕集二氧化碳的一种方式。

二氧化碳在哪里

成语“缘木求鱼”，出自《孟子 · 梁惠王上》，说的是爬到树上去抓鱼，最后只能抓到个“寂寞”。就像是渔夫不会在漫天黄沙的沙漠里撒网捕鱼，猎人也不会在都市的高楼大厦之间设置陷阱。想要抓住二氧化碳，我们首先要知道二氧化碳会出现在什么地方，这样才能够做到有的放矢。

广义上来说，所有有机物与氧气发生的氧化还原反应基本上都有二氧化碳产生。从我们每时每刻都在进行的呼吸，到发电厂锅炉里熊熊燃烧的火焰，以及汽车、飞机高速运转的发动机……都是排放二氧化碳的源头，这些二氧化碳被排放到空气中，变成地球大气的一部分。

随着工业化的推进，人类排放的二氧化碳也在逐渐增加，其中化石燃料的燃烧产生的二氧化碳占了绝大部分，成为空气中二氧化碳的主要来源。化石燃料的燃烧让大量原本以矿物形式封存在地下的碳元素变成二氧化碳进入大气，重新加入地球生态的碳循环之中，导致大气中二氧化碳的浓度增加，温室效应日益加剧。

二氧化碳的来源有很多，不过并不是所有排放出来的二氧化碳都适合被捕捉，只有二氧化碳的浓度和总量达到一定规模才具有捕集、收集的价值，在那些抓捕二氧化碳的“猎人”眼中，这才是最有价值的肥美猎物。

发电厂

手机的电量还有多少？是不是该充电了？这个问题，我们每天都会问自己许多遍，当手机电量不足时，我们要做的就是拿起手机，插上电源和充电线。

除手机之外，我们的衣食住行都离不开电能的支持，电能是现代社会不可或缺的驱动力，稳定、廉价、可靠的电能是人类社会生产、生活的基础。

许多科幻小说里都曾经提到过，如果电从生活中消失，人类社会很快就会走向崩溃。可以毫不夸张地说，如果没有电就没有现代文明，人类现在已经完全无法忍受没有电的生活了。

▲ 燃煤电厂

▲ 风力发电

▲ 汽车中高速运转的发动机，是二氧化碳排放的源头

人类社会使用的电能来自发电厂。我们可以把发电厂看作一头勤勤恳恳的奶牛，将其他形式的能源作为“草料”给“牛”吃，挤出来的“奶”就是电能。根据用来发电的“草料”不同，发电厂可以分为火力发电厂、水力发电厂、太阳能发电厂、风力发电厂、核能发电厂等。

草料的质量不同，奶牛产出的奶也会有多有少，发电厂也是一样。

水力发电、太阳能发电、风力发电对地理条件的要求比较高，并且稳定性欠佳，发电量具有明显的周期性。

核能发电的技术要求高，一旦发生事故，就会对周围的环境造成严重破坏。尽管核电技术正在不断进步，安全性也大大提升，但还需要提高公众的接受程度。核电站的选址也需要非常慎重，再加上核燃料相对稀缺，使得核能发电的发展受到了一定限制。

相比之下，火力发电是应用最广泛的发电形式，通过燃烧煤、石油、天然气等化石燃料释放出能量驱动发电机运转获得电能。火力发电的技术已经非常成熟，具有很高的安全性和稳定性，性价比非常高，适合在各个地区建设。因为火力发电拥有的这些优势，目前世界上大多数电能都是由火力发电厂提供的。

不过火力发电厂在运行过程中会释放出大量高浓度的二氧化碳，如果放任不管的话，这些二氧化碳都会排入空气中，从而提高空气中的二氧化碳浓度，加剧温室效应。现在人们的环保意识也在不断加强，这一点会越来越受到重视。

火力发电厂产生的二氧化碳数量庞大，而且本身的浓度非常高，非常适合作为碳捕集的目标。国内外许多碳捕集、利用与封存项目的研究、建设都是围绕火力发电厂展开的。

在那些抓捕二氧化碳的“猎人”眼中，火力发电厂产生的二氧化碳就像是体形庞大的“老虎”，其目标明显、动作笨拙，“猎人”可以从容地尝试各种捕猎方法，在“老虎”身上留下一道道伤口。但是因为这个猎物实在太过庞大，想要让它倒下是一件非常困难的事情，需要经过漫长而艰苦的努力。

▲ 工业生产也是主要的二氧化碳排放源

工业生产

对于追逐二氧化碳的“猎人”来说，工业生产过程就像充满了猎物的丛林，这里的“猎物”虽然比不上火力发电厂中产生的“猎物”的体形庞大，但是也足够肥美。

工业生产是一个很宽泛的概念，几乎所有的生产资料、生活资料的制作都可以看作工业生产的一部分。

工业生产必然伴随着能源消耗，一个国家的工业化程度越高，对于能源的消耗就越大。大多数机器都是由电能驱动，随着中国的工业化进程发展，工业用电已经成为主要的电力消耗途径。

▲ 由国家能源集团化工工程 EPC 总承包建设的光伏项目

除了消耗能源带来的碳排放，很多行业的特性决定了它们

▲ 风力发电

▲ 夕阳下的风机

▲ 国家能源集团光伏建筑一体化建筑能源集控与实验平台

在自身的生产过程中也会产生大量的二氧化碳，例如化工、钢铁等行业都是二氧化碳的排放大户。以人类目前的科技水平，这些二氧化碳的排放仍然是不可避免的。

煤、石油、天然气在开采过程中会释放出原本封存在其中的二氧化碳，同时还会产生大量的可燃性废气，这些废气一般都会用燃烧的方式进行无害化处理，这同样会产生数量庞大的二氧化碳。

石油的生产、炼制及化工衍生品生产过程中也会产生大量二氧化碳，同时产生的还有多种污染物，如果不经过处理直接排入空气中，会给大气造成严重的污染。

在纯碱、炼钢和建筑材料等产业中

都需要用到石灰，生产石灰需要将碳酸钙矿石进行高温煅烧，除了化石燃料燃烧释放出的二氧化碳，碳酸钙分解也会释放出大量的二氧化碳，所以石灰生产过程中的碳排放十分“可观”。

化工合成氨原料气或氢气的过程中同样会产生富含二氧化碳的混合气体，这些二氧化碳一般都被收集用于后续的生产，制作碳酸氢铵或尿素，这种利用方式为二氧化碳的处理开辟了新路径。

交通工具

汽车、火车、轮船、飞机等交通工具给人们的生活带来了极大的便捷，让原本遥远的距离变得触手可及。但在方便快捷的同时，这些交通工具在运行过程中也会消耗大量的能源，同时释放出大量的二氧化碳。

火车是工业革命的象征之一，在相当长的一段时间内都是最高效的陆地交通工具。最早的火车采用烧煤的蒸汽机作为动力，在燃烧煤炭的同时释放出大量二氧化碳。不过随着近些年国内铁路系统的电气化改造，“火车”没有了“火”，同时二氧化碳的直接排放量也大大降低。

随着经济的发展和社会的进步，汽车进入了越来越多的家庭，也成了大气中二氧化碳的重要来源之一。一辆排气量为 1.6 升的普通家用汽车，在正常行驶的状态下

▲ 钢铁厂是排碳大户

▲ 建筑行业中的二氧化碳排放量也很高

每分钟大约排放 145 克二氧化碳。随着车辆排气量的增加，碳排放的数量也随之增加。目前地球上总共约有 10 亿辆各种型号的汽车飞驰在道路上，每时每刻都在释放着大量的二氧化碳。

为了降低汽车的碳排放，世界各国都在积极寻找可行的方法，采用电能、氢能等驱动的汽车已经开始普及，为减少碳排放起到了积极的作用。

飞机在飞行过程中要排放出大量的二氧化碳，按照运载能力来计算的话，飞机的单位碳排放比其他交通工具要多出不少。一架大型客机在一次短途飞行过程中就要消耗数吨燃料，相当于数百辆汽车行驶相同路程释放出的二氧化碳。

对于追逐二氧化碳的“猎人们”来说，这些“猎物”虽然数量庞大，但是每一个“猎物”都太小了，无论用陷阱还是猎枪都很难将它们一网打尽，怎么看都是一件亏本的买卖，所以很少有人涉猎这个领域。不过随着新技术的发展，未来一定会出现更先进的“狩猎”技术，让“猎人们”能够将这些“猎物”收入囊中。

▲ 汽车可以给人类提供方便快捷，但也会排放大量二氧化碳

▲ 飞机飞行需要消耗大量的能源，也会释放出大量二氧化碳

▲ 以前的火车采用煤做动力

大气中的二氧化碳

二氧化碳是地球大气的组成成分之一，在地球的生态循环中起到了重要的作用。工业革命之后，随着人口的增加和经济的发展，大量的化石燃料燃烧让地球大气中二氧化碳的含量逐年增高，引起越来越严重的温室效应。

▲ 大气中的二氧化碳主要依靠植物来捕集

虽然二氧化碳在大气中的含量逐年升高，但相对于大气中的其他成分，二氧化碳的浓度仍然非常低，大约只占大气总体积的 0.04%，这个浓度无法满足碳捕集工业化生产的要求，现有的技术也很难将其从空气中分离出来。

大气中的二氧化碳是二氧化碳“猎人们”的最终目标，他们所做的一切都是为了降低大气中的二氧化碳含量，但是空气中的二氧化碳实在太过分散，就像是隐藏在沙滩上的沙粒一样让人难以察觉，“猎人们”仅凭手中的现有装备很难将其抓获，或成本过高。这个时候“猎人们”就必须借助大自然的力量才能实现，即通过保护植被、植树造林来提升大自然的力量，运用“改善环境”这个终极武器来对抗大气中的二氧化碳。

什么时候抓住二氧化碳

渔夫会用鱼钩把鱼从水中钓起来，也可以用渔网把鱼群一网打尽；猎人会用陷阱诱捕猎物，也可以用猎枪、猎犬等手段抓捕猎物。不过猎犬抓不住天空中翱翔的飞鸟，猎枪打不到藏在洞穴里的狡兔，想要抓获猎物，就需要选取合适的手段，对二氧化碳的捕集也同样如此。

▲ 渔夫会用鱼钩把鱼从水里钓起来

对于二氧化碳“猎人们”来说，二氧化碳毫无疑问是个难缠的猎物。我们前面提到过，二氧化碳是无色、无味的气体，化学性质相对稳定，广泛存在于化石燃料燃烧后产生的混合气体中。这些特性导致“猎人们”想要抓住二氧化碳并不容易，必须要眼明手快、找准合适的机会才行。一旦二氧化碳进入大气中，以人类目前的技术能力，想要再把它们抓出来是一件很困难的事情，所以要尽量做到“未雨绸缪”，在二氧化碳排放到大气之前就将其抓住。

一般来说，我们抓捕二氧化碳的机会可以分为燃烧后捕集、燃烧前捕集、富氧燃烧等。

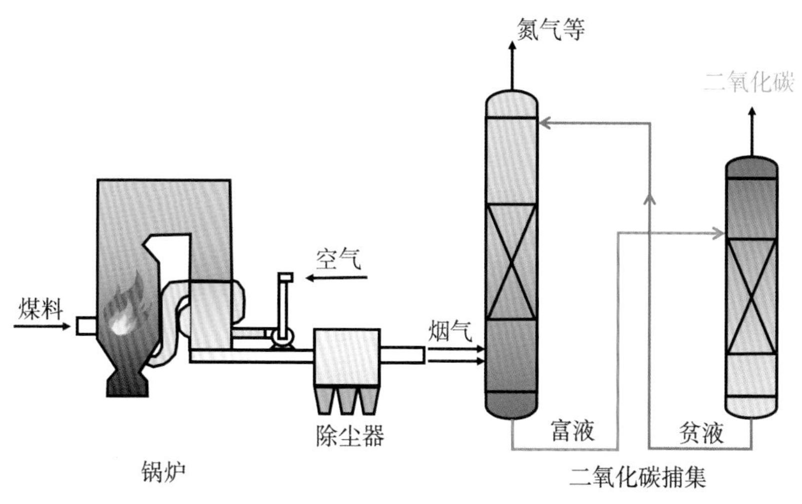

▲ 燃烧后捕集

燃烧后捕集

在捕集二氧化碳的机会中，燃烧后捕集是最容易被想到的一个，跟“不见兔子不撒鹰”是一样的道理，猎物出现的时刻就是捕集的时机。

在化石燃料燃烧的同时，二氧化碳随之产生。在燃烧完成后排出的混合气体中，二氧化碳浓度较高，所以这时也是捕集二氧化碳的最好时机。燃烧后捕集也叫燃烧后脱碳，是目前技术最成熟的碳捕集途径，在碳捕集、利用与封存技术项目中得到了广泛的应用。

经过多年的研究和发展，燃烧后捕集二氧化碳已经发展出多种方式，技术已经相当成熟，能够以相对低廉的价格提供较强的二氧化碳捕集能力，成为减少二氧化碳排放的重要手段。

▲ 国家能源集团国电电力三河公司

燃烧后捕集的技术除了应用于使用煤炭、天然气等化石燃料的火力发电厂，还用于水泥厂、钢铁厂的二氧化碳捕集，能够在很大程度上减少二氧化碳排放，经过多年的研究和验证，证明其已经具备了商业化的能力。

在现阶段，燃烧后捕集技术是研究、应用最广泛的碳捕集技术，也是人类抓捕二氧化碳的重要手段。

▲ 国家能源集团低碳院煤气化关键共性技术研发平台 -1

燃烧前捕集

相对于燃烧后捕集，燃烧前捕集更具有前瞻性，如果说燃烧后捕集是“亡羊补牢”，那么燃烧前捕集就是“未雨绸缪”，就像是通过基因测序来判断出某个人将来有可能会得某种疾病一样，为了避免这件事情发生，就需要采取很多预防性的措施，包括注意饮食、锻炼身体、戒烟戒酒等。

燃烧前捕集也叫燃烧前脱碳，主要特点是“转化”，就是在燃烧之前将煤炭等化石燃料转换成碳含量较低的清洁燃料，从而减少燃烧过程中的二氧化碳排放。

燃烧前捕集技术主要用于煤气化联合循环发电厂以及煤化工行业，通过气化把煤炭转化成一氧化碳和氢气组成的“水煤气”，再通过水煤气变换反应，将一氧化

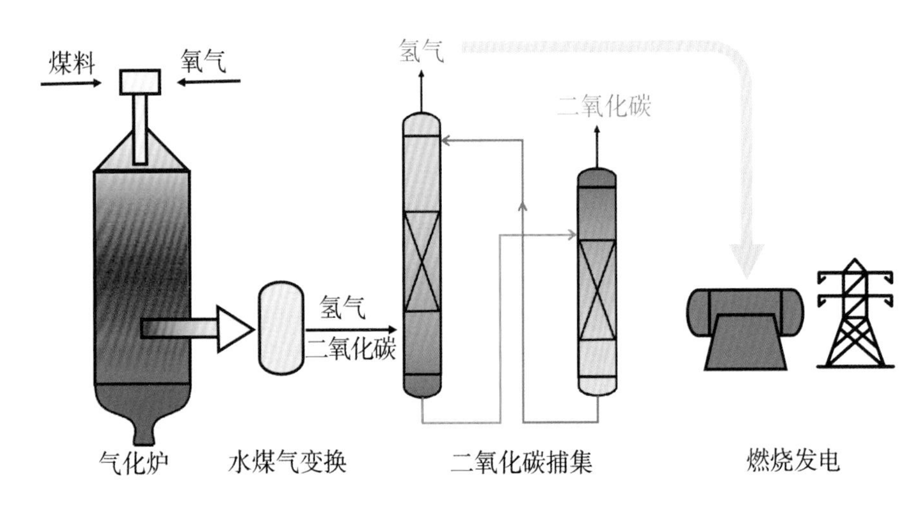

▲ 燃烧前捕集

碳转化为二氧化碳和氢气，然后将二氧化碳和氢气分离，从而得到清洁的氢气，用作化工原料或燃料。

整体煤气化联合循环（Integrated Gasification Combined Cycle，IGCC）发电系统是将煤气化技术和高效的联合循环相结合的先进动力系统，由煤的气化与净化装置和燃气、蒸汽联合循环发电装置组成。在该系统中，煤经气化、变换、脱碳成为氢气燃料，经过净化后送入燃气轮机进行燃烧，驱动蒸汽轮机做功。

和传统的火力发电相比，整体煤气化联合循环发电系统技术可以提高发电效率，同时具有良好的环保性能，具有一定的发展前景。

中国的煤炭资源储量丰富，未来相当长一段时间仍然会以煤炭作为主要燃料进行火力发电，燃烧前捕集技术具有很大的发展前景，是未来减少碳排放的重要手段之一，不过对于已经建成的燃煤电厂来说，该项技术并不适用。

▲ 国家能源集团低碳院煤气化关键共性技术研发平台 -2

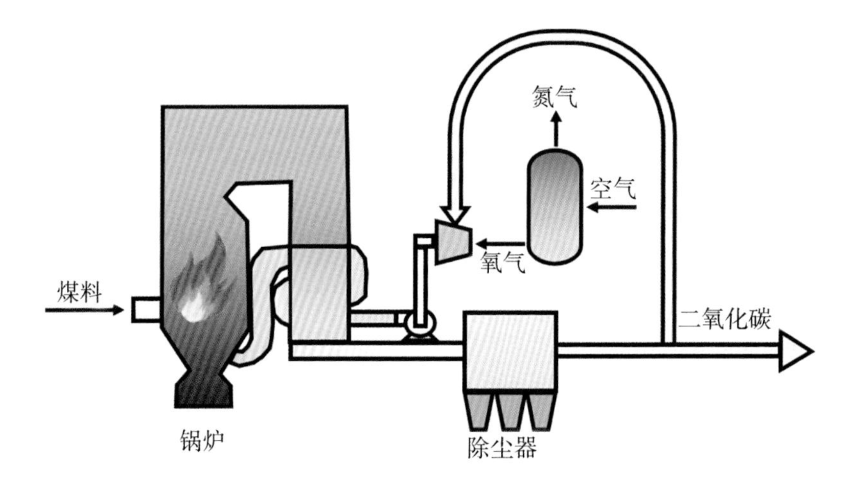

▲ 富氧燃烧技术

富氧燃烧

无论燃烧前捕集还是燃烧后捕集，我们都是在和二氧化碳斗智斗勇，想要将它从混合气体中分离出来。那么，我们可不可以找到一个方法，让化石燃料燃烧后直接生成纯度较高的二氧化碳？毫无疑问是可以的，答案就是富氧燃烧。

顾名思义，富氧燃烧就是用高纯度的氧气作氧化剂，无论来多少燃料，氧气绝对管够。在这种用“高纯氧气量远超燃料需氧量”的“土豪”做派之下，除了高纯度的二氧化碳，再不会有其他的废物产生。

在不那么“土豪”的燃烧过程中，空气中含量最高的气体是氮气，在燃烧过程中并不会发生反应，而是直接作为废气排放，降低了燃烧后混合气体中二氧化碳的含量，增加了二氧化碳捕集的难度。针对这个问题，人们尝试使用纯氧作为化石燃料燃烧的氧化剂，这样一来，燃烧的产物就是二氧化碳和水，极大地提升了二氧化碳在混合气体中的浓度，然后直接对二氧化碳进行压缩，这种技术称作富氧燃烧。

富氧燃烧技术需要高浓度的氧气，这就需要建立一套空气分离系统，这套系统本身需要消耗大量的能量，因此导致富氧燃烧整体的效益不高，不过该技术能够对现有火力发电厂进行直接改造，降低碳捕集成本。随着碳排放限制越来越严格，富氧燃烧技术的优势也在增加。

空气中直接捕集

如果说哪里有最大量的二氧化碳，肯定是在地球的大气圈里，虽然大气中的二氧化碳浓度很低，不过基于地球大气惊人的总质量，大气中的二氧化碳总量甚至超过了 1 万亿吨。

以人类当前的科技水平，想要从大气中直接捕集二氧化碳是一件非常困难的事情。和这件事一比，灰姑娘的继母让她“把豌豆从炉灰里挑出来”可是要简单得多了。人们曾经尝试建立过数十米高的巨大机器来捕集空气中的二氧化碳，不过收获却是寥寥无几，而维持这台大机器运转却要消耗惊人的能量，间接导致了更多的二氧化碳排放。虽然难度很大，但是仍然有许多科学家正在为此努力。

人类科技目前还做不到的事情，并不意味着大自然也做不到，我们可以借助大自然的力量从空气中捕集这些多余的二氧化碳。事实上，从古至今，大自然一直在默默地做着这件事：植物的光合作用是从空气中捕集二氧化碳的主要手段，同时也是地球生态循环的能量来源，通过植树造林等手段可以增加二氧化碳的吸收量，但是这种方式对二氧化碳的存储并不稳定，一旦森林被破坏，之前吸收的二氧化碳就会被释放出来。

▲ 我们可以借助大自然的力量从空气中捕集多余的二氧化碳

▲ 植物的光合作用是从空气中捕集二氧化碳的主要手段

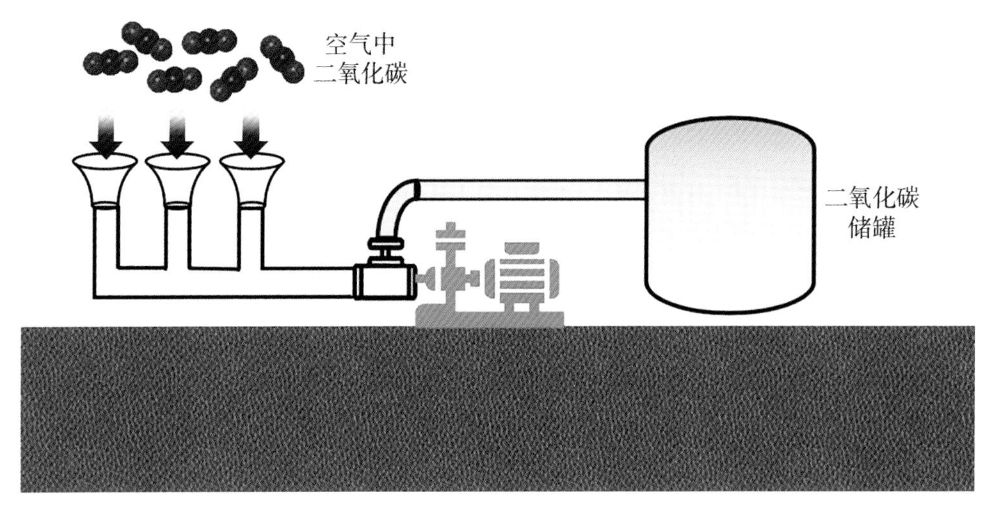

▲ 空气中二氧化碳直接捕集

怎么抓住二氧化碳

和大多数气体一样，二氧化碳无形无影，却又无处不在，就像是一个狡猾的幽灵，想要抓住它，必须有合适的手段才行。

抓住猎物的方法有很多，猎枪、弓箭、陷阱、猎犬都是猎人们常用的手段，这些手段没有优劣之分，只要能简单、高效地抓到猎物就是好的。对于那些追逐二氧化碳的“猎人们”来说，他们也有自己独特的狩猎方法。

一般情况下，二氧化碳在化石燃料燃烧后产生的混合气体中的含量为3% ~ 15%，这个含量已经比大气中的含量高很多，称得上是“富矿”。理论上来说，这种混合

▲ 猎犬能够帮助猎人捕获猎物

气体可以通过管道进行运输，并直接注入地下进行封存。但这样做的成本过于高昂，而且效率非常低，对二氧化碳的利用更是无从谈起。就像是一碗香喷喷的米饭里偶尔出现一两粒沙子还能勉强忍受，但如果每吃一口米饭都要硌坏几颗牙齿，那这碗饭就根本没法吃了。

所以，想要降低封存成本，或是将二氧化碳重新利用、变废为宝，都需要二氧化碳达到足够的浓度，为了达到这个目标，就需要将二氧化碳从化石燃料燃烧后排放的混合气体中分离出来。

为了实现这个目标，人们尝试了多种方法，演化出了许多不同技术路线。目前捕集、收集二氧化碳的技术主要分为吸收法分离、吸附法分离、膜分离、深冷分离等。这些技术各有优劣，就像是用于“降龙伏虎”的十八般武艺，争奇斗艳、各擅胜场。

吸收法分离技术

提到“吸收”这个词，大部分人首先会想到人体对各种营养物质的消化和吸收，我们身体的消化系统就是为此而存在的。从生物学的角度来说，吸收是将体外的物质转化为体内的物质，这其实也说明了“吸收”的本质所在——物质在不同介质之间的转移。

除了我们的身体，吸收现象在生活中也随处可见。例如，水洒在了桌子上，通常大家的第一反应都是找块抹布把水擦掉，而抹布之所以能把桌子擦干净，关键在于它吸收了桌子上的水，水从桌子上转移到了抹布上。

在现代化工生产中，吸收法分离技术是常用的分离方法之一，在各种气体混合物的分离过程中应用非常广泛，同样也应用于二氧化碳的捕集和收集。

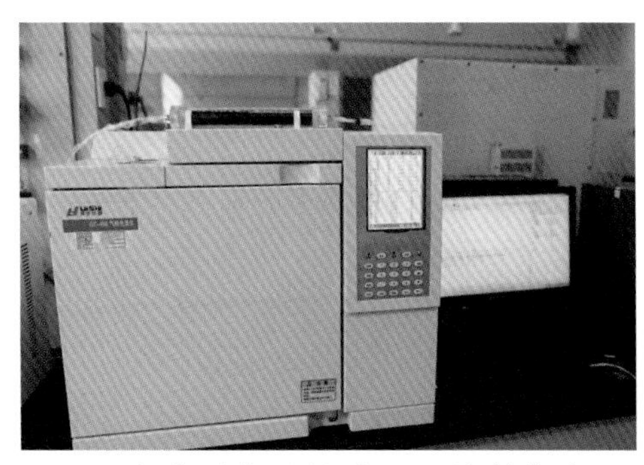

▲ 国家能源集团低碳院吸收剂成分分析设备

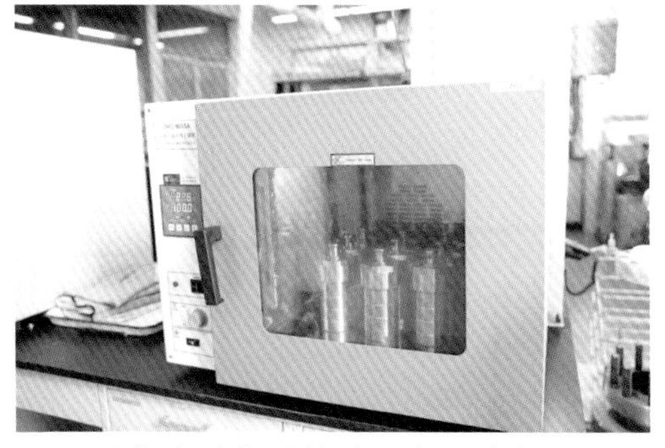

▲ 国家能源集团低碳院长周期恒温试验装置

吸收法分离技术的原理并不难理解，因为每种气体在溶液中的溶解度不尽相同，或是否与溶液发生反应存在差异性，所以只要把混合气体与含有特定成分的溶液进行充分接触，那么其中的一种或几种成分通过物理溶解或化学反应的方式进入液体溶液，混合气体就被分离开了。

吸收法分离技术的核心是吸收剂和吸收塔，这两者对于分离的成败及效率来说至关重要。

在大规模的工业生产中，为了使需要分离的混合气体和液体溶液充分接触，需要使用一种特殊的设备，这就是吸收塔。吸收塔是吸收反应发生的地方。我们可以把它理解成人类的肠胃。设计良好的吸收塔可以在很大程度上提升吸收的效率。

吸收塔最早是由法国物理学家、化学家盖－吕萨克（Gay-Lussac）发明的，最初是用于硫酸的生产。早期的吸收塔外形看起来像是一座高耸的圆柱形高塔，经过多年的发展，目前的吸收塔种类繁多，外形也不再是单一的高塔型，而是根据生产中的实际需要进行相应的设计，以满足各个生产过程中的不同需求。

根据不同的分类方法，可以将吸收塔分为许多类型。例如，按照操作压力，可以将吸收塔分为加压塔、常压塔和减压塔；根据混合气体和液体溶液接触界面的方式可以分为固定相界面塔和流动相界面塔。不过最常见的分类方式还是根据吸收塔

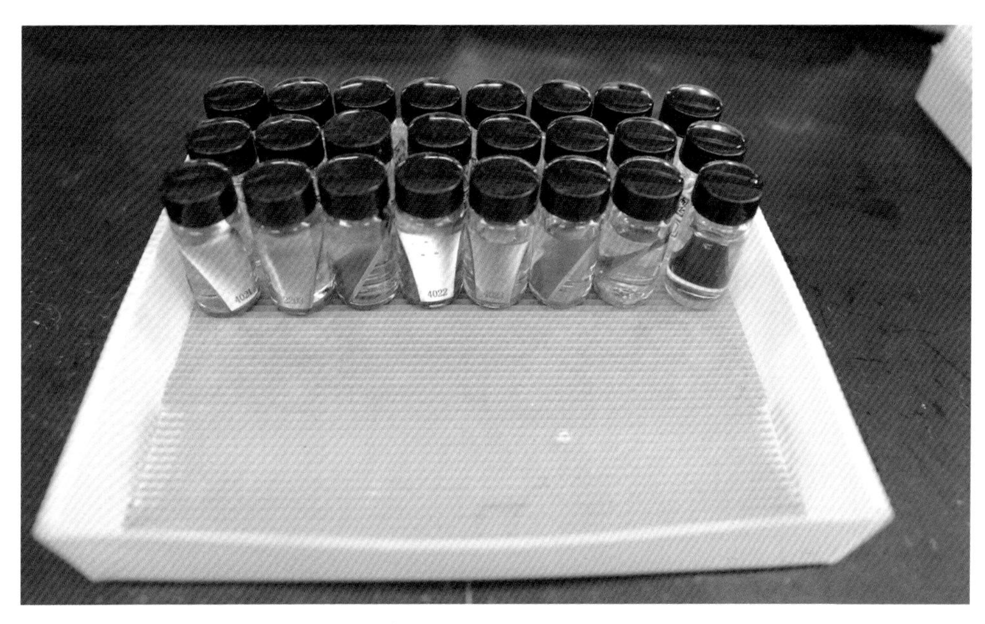

▲ 国家能源集团低碳院吸收剂腐蚀性测试

▲ 国家能源集团低碳院自主研发的高负载量碳捕集新溶剂

内部的结构，将其分为板式塔和填料塔。

如果把吸收塔看作我们的肠胃，吸收剂就是“消化液”。吸收剂分为许多种类，对各种气体的吸收能力不尽相同。在碳捕集的反应中，最看重的是吸收剂对二氧化碳的吸收能力。经过多年的研究和试验，人们发现了许多种不同的吸收剂，这些溶剂成分各异，吸收二氧化碳的效率也不尽相同。

根据吸收剂与二氧化碳的相互作用原理不同，可以分为化学吸收、物理吸收和物理化学吸收三种形式。

◆化学吸收法

我们吃掉的大多数食物都无法被身体直接吸收，需要通过肠胃里的消化液将其进行分解，然后才能被身体吸收。化学吸收法的原理与此有些类似，就是利用二氧化碳和液体溶剂中的成分发生化学反应，从而达到捕集二氧化碳的目的。我们可以将这种方式看作先将二氧化碳进行“消化”，再将消化之后的产物收集起来。

化学吸收法的整体流程大致上可以分为二氧化碳吸收和溶剂再生两部分。这两个环节中都有化学反应发生。

目前，人们已经研究出了许多种用化学吸收法吸收二氧化碳的化学吸收剂。不过大多数化学吸收剂还在试验阶段。在实际项目中应用比较广泛的化学吸收剂主要是碱性盐溶液、醇胺溶液和氨水三种。

在碳捕集领域，化学吸收法已经有了很多的应用项目。项目中使用的多种化学吸收剂对二氧化碳具有良好的吸收能力，能够极大地降低混合气体中二氧化碳的含量，优势十分明显。

不过化学吸收法的劣势同样明显。在使用化学吸收法进行碳捕集的过程中，需要通过高温加热的方式对化学吸收剂进行再生，这就会消耗大量的能量。化学吸收剂一般具有较强的腐蚀性，会对设备造成持续的破坏，同时化学吸收剂的泄漏也会对周边的环境造成污染。这些问题都制约着化学吸收法在碳捕集项目中的应用和推广。

如何改进这些问题，让化学吸收法更加环保、高效，是未来需要着重研究的问题。

◆物理吸收法

相对于化学吸收法，物理吸收法要简单且直接得多，就是让二氧化碳“溶解”在特殊的溶液里，这个过程中并没有化学反应发生。就像盐，只要溶解在水中喝下去，就可以被我们的肠胃直接吸收。这个溶解的过程就是个物理现象，并不需要任何消化液参与。

物理吸收法的原理是特定的物理溶剂对混合气体成分溶解度不同，其中二氧化碳的溶解度较大，其他成分的溶解度则较小，从而实现从混合气体中分离二氧化碳的目的。

▲ 盐溶解在水中是常见的物理现象

目前采用物理吸收法进行碳捕集的工艺中，常用的吸收剂是聚乙二醇二甲醚和甲醇，此外，碳酸丙烯酯、N-甲基吡咯、聚乙二醇甲基异丙基醚、磷酸三正丁酯等有机溶剂也可以用于物理吸收法进行碳捕集。

根据吸收剂性质的不同，采用物理吸收法进行碳捕集的工艺流程也不同，不过和化学吸收法类似，同样可以分为二氧化碳吸收和吸收剂再生两部分。

▲ 国家能源集团低碳院用于模拟吸收剂长周期运行条件的水热反应釜

相比化学吸收法，物理吸收法进行碳捕集过程在低温、高压的条件下进行，对二氧化碳的吸收量比较大，二氧化碳的释放和吸收剂的再生过程不需要加热，能源消耗低，同时在循环过程中吸收剂损耗少，前期投入和项目运转的费用都比较低。不过物理吸收法的缺点也很明显，就是对二氧化碳的吸收率相对较低，当混合气体中的二氧化碳浓度较低时，很难达到理想的吸收效果。

在现阶段，物理吸收法主要用于针对二氧化碳含量较高的混合气体进行碳捕集，相信随着更多高效吸收剂被发现，物理吸收法将会在碳捕集的领域中占据更重要的位置。

◆物理化学吸收法

化学吸收法和物理吸收法各有优缺点。为了达到更好的碳捕集效果，科学家们尝试将两者结合起来，双管齐下捕捉二氧化碳，这就是物理化学吸收法。

物理化学吸收法采用混合吸收剂对二氧化碳进行吸收。其中既有与二氧化碳发生化学反应的化学吸收剂，也有对二氧化碳具有较高溶解度的物理吸收剂，常见的组合有甲基二乙醇胺与二氧化四氢噻吩（又称环丁砜）组成的混合吸收剂，以及甲醇与多种醇胺组成的混合吸收剂等。

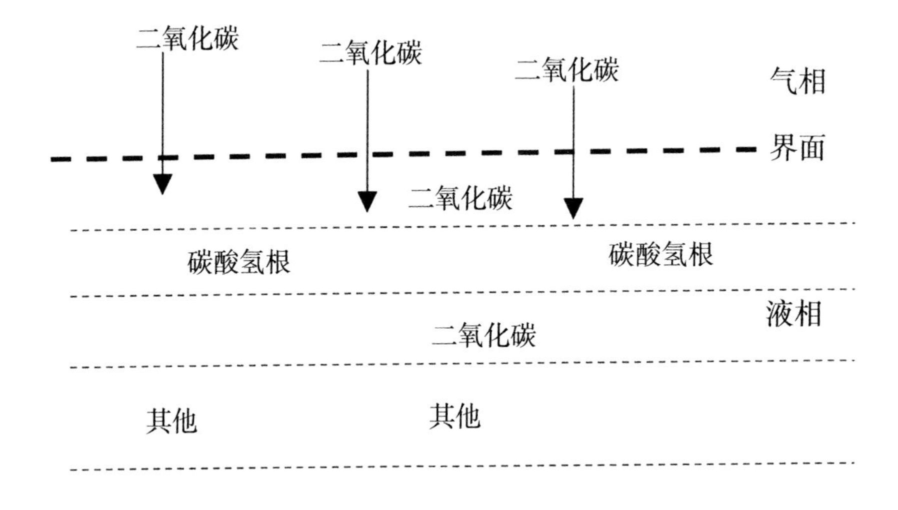

▲ 二氧化碳物理化学吸收示意图

物理化学吸收法兼具化学吸收法和物理吸收法的特点，总体流程也和两者相似，可以大致分为二氧化碳吸收和吸收剂再生两个部分。

物理化学吸收法对二氧化碳的吸收效率较高，整个工艺流程的总能耗介于两者之间，未来具有广阔的发展空间。

吸附法分离技术

吸附是日常生活中广泛存在的现象。人类对吸附现象的应用具有悠久的历史，早在公元前就有利用木炭的吸附作用进行医疗活动的记录。在我们的日常生活中也经常用到吸附作用，例如在厕所里放几个装满活性炭的炭包吸收异味，或在净水器里使用装着活性炭的滤芯来净化水质。

为了与吸收法进行区分，我们可以这样解释吸附法分离技术——这项技术并不会对物质进行“转移”，更不会进行“变化”，而是把它们暂时“关禁闭”，让它们在短时间内无法离开，从而达到分离的目的。

从科学角度来说，固体物质表面对气体或液体分子的吸着现象称为吸附。其中固体物质称为吸附剂，被吸附的气体或液体分子称为吸附质。

对于不同气体分子，吸附剂的吸引力有很大的不同，就像是利用不同网眼大小的渔网可以筛选不同体形的鱼一样。

与混合气体中常见的其他成分如一氧化碳、氮气、氢气等气体分子相比，二氧化碳分子是一种强吸附质，与吸附剂之间的作用更强。利用这个特性，可以将二氧化碳从混合气体中分离出来，从而达到碳捕集的目的。捕集过程结束之后，只需要对吸附剂进行降压和升温，就能够将被吸附的二氧化碳释放出来，同时完成吸附剂的再生。

▲ 国家能源集团低碳院碳捕集测试装置用散装填料

在使用吸附法分离技术进行碳捕集的过程中，吸附剂是起到关键作用的核心部分，吸附剂的吸收效率、稳定性和使用成本关系着整个碳捕集项目的成败。

在工业生产中，合格的吸附剂需要拥有足够大的比表面积，从而让混合气体和吸附剂的表面能够充分接触，同时对二氧化碳的吸附能力必须远大于混合气体中的其他成分，否则无法分离出纯净的二氧化碳。

吸附剂应该具有较大的吸附容量，还需要有足够的机械强度、热稳定性和化学稳定性，并且再生过程中

▲ 国家能源集团低碳院开发的二氧化碳蜂窝吸附模块

的能耗较低，拥有较长的使用寿命，并且在使用和再生的过程中不会造成环境污染。

▲ 国家能源集团低碳院吸附材料炭化活化装置

在使用吸附法分离技术进行碳捕集的项目中，常用的吸附剂包括活性炭、分子筛、硅胶、活性氧化铝等。

在碳捕集的实际应用中，单一的吸附剂很难满足项目的需求，需要将两种或几种进行混合以获得更好的吸收效率。除此之外，人们还在研究更高效、廉价、环保的新型吸附剂，极大地推动了吸附法分离技术的进步。

吸附法分离技术应用在碳捕集领域中，适用于二氧化碳浓度较高的混合气体，例如火力发电厂燃烧煤炭后排放出的烟气。

与吸收法分离技术相比，吸附剂再生过程不需要加热大量的水，能耗降低的潜力较大，引起了研究者的广泛关注。

现阶段，吸附法分离技术存在的主要问题是吸附剂的容量较小，如果要进行大规模工业生产，需要的吸附剂数量庞大，同时吸附剂需要频繁进行再生，对生产流程的要求非常高，这些问题都是目前吸附法碳捕集领域的研究热点。

随着研究的推进，越来越多的新型吸附材料随之出现，吸附法分离技术将会变得更加高效、便捷，在未来将具有广阔的发展前景。

▲ 国家能源集团低碳院 50 吨级膜法电厂烟气二氧化碳捕集测试装置

▲国家能源集团低碳院膜法装置出厂前调试现场

▲国家能源集团低碳院二氧化碳分离膜性能评价装置

膜分离技术

假如我们不小心把许多蚕豆、黄豆和绿豆混在了一起，应该怎么分开？像灰姑娘一样一粒粒挑出来显然是个浪费时间的笨办法，没有魔法的我们也很难找到一大群小动物来帮忙。为了解决这个问题，人们发明了筛子。利用网眼大小不同的筛子，人们可以很快把混在一起、大小不等的颗粒物分开。

膜分离技术也可以看作一种利用“筛子”分离不同物质的技术。原理是利用混合气体中的不同成分在特制的膜材料中穿过的速度不同，从而达到分离混合气体的目的，可以看作在微观尺度上筛选出大小不同的气体分子。

膜分离技术最早应用于氮气和氢气、氮气和氧气等气体成分的分离。20 世纪 70 年代，美国建立了第一个应用膜分离技术的项目，用于从工业气体中回收氢气。随着二氧化碳作为温室气体越来越受到关注，采用膜分离技术进行碳捕集越来越受到人们的重视。

使用膜分离技术从混合气体中分离二氧化碳，最重要的是寻找对不同气体分子具有不同透过性的膜材料。根据膜材料的原料、结构和分离原理不同，可以分为无机膜、聚合物膜、促进传递膜以及复合膜。

在使用膜分离法进行碳捕集的过程中，膜材料的制备是非常重要的一环。用于制作膜材料的工艺种类繁多，有烧结法、拉伸法、熔融法、蚀刻法、水上展开法、包覆法、相转化法等多种。在实际生产过程中，这些方法往往会被组合起来使用。

获得了高性能的膜材料之后，还需要结构紧凑、性能稳定的支撑组件，才能应

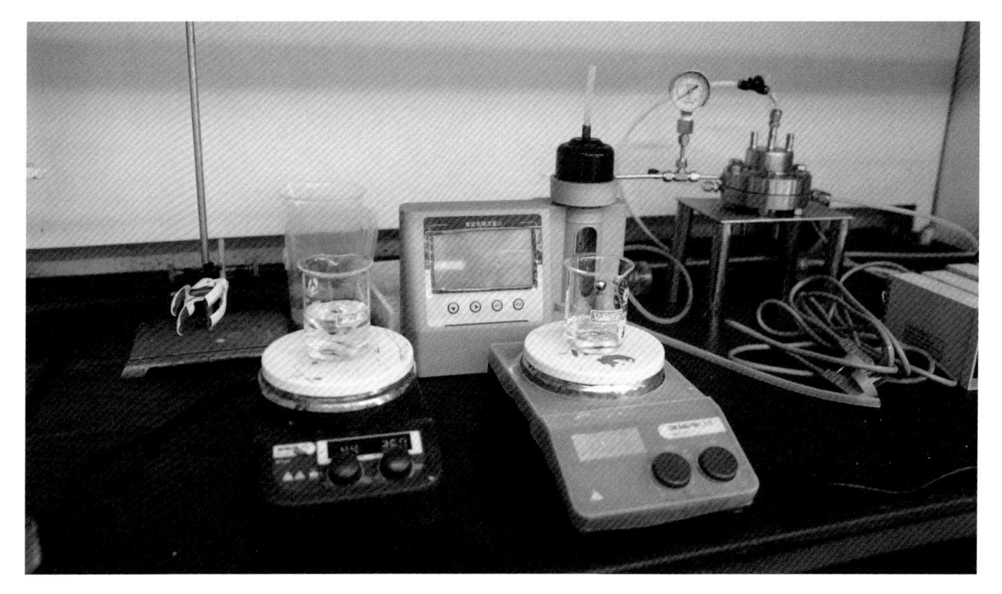

▲ 国家能源集团低碳院高通量二氧化碳分离膜材料制备

用到大规模工业生产中。工业生产中常用的膜组件有平板式、中空纤维式和螺旋卷式三种。

相比于吸收法分离技术，采用膜分离技术捕集二氧化碳的能耗较低，不会产生废渣、废液等污染物，而且操作相对容易，需要的装置较为简单，整体投资费用也比较低，缺点是最终获得的二氧化碳纯度不够高，一般在 99% 以下。

膜分离技术分离二氧化碳除了可以在化工生产中应用，还可以对潜艇、空间站等密闭空间内的空气进行净化，不但可以降低空气中的二氧化碳含量，还可以同时处理其他污染物。与采用碱金属氧化物或过氧化物吸收二氧化碳的传统方法相比，膜分离技术具有很大优势。

在未来，膜分离技术的发展具有广阔的空间，随着对高透过性、高选择性、高耐用性的新型膜材料研究的推进，以及膜材料、组件等制作工艺的进步，膜分离技术将会在碳捕集、利用与封存项目中发挥越来越重要的作用。

化学链燃烧技术

化学链燃烧技术是一种新型的燃烧技术。“化学链”这个词看起来十分深奥，但原理并不算复杂，其原理是将传统燃烧中燃料与氧气发生反应的过程分解成两步，通过载氧体将这两个步骤连接起来。

我们可以把“化学链燃烧”理解成一场接力赛，燃料、载氧体、氧气是三个运动员，而氧元素是其中的接力棒，氧气把接力棒交给载氧体，载氧体跑了一段距离后，再把接力棒交给燃料，接力赛就完成了。

详细来说，化学链燃烧技术的第一步是还原状态的载氧体和空气中的氧气在空气反应器中发生反应，将载氧体转化成氧化状态；第二步是氧化状态的载氧体和燃料在燃料反应器中进行反应，载氧体重新变为还原状态，燃料转化成二氧化碳，同时释放出热量。在这一过程中生成的二氧化碳浓度很高，可以直接进行分离存储。

1983 年，德国科学家首先提出了化学链燃烧的概念。经过进一步的研究发现，化学链燃烧对化石燃料的利用更加高效，同时配合收集系统可以实现二氧化碳接近零排放，此外，该技术还能有效减少燃烧过程中氮氧化物的形成，从而降低空气污染。

进入 21 世纪，因二氧化碳引起的温室效应不断加剧，化学链燃烧技术越来越受到人们的关注。目前关于化学链燃烧技术的研究主要集中在对载氧体的选择，以及反应器和反应系统的设计开发等领域。

化学链燃烧技术是一项综合性非常强的科学项目，需要一个复杂的系统进行支持。目前，关于化学链燃烧系统的研究主要集中在燃料类型扩展、提升能量转换效

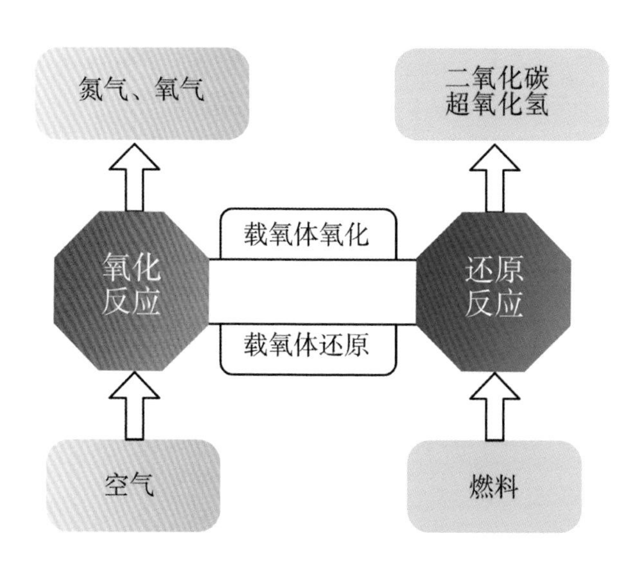

▲ 化学链燃烧技术原理示意图

率等方面。

作为一种新兴技术，目前对化学链燃烧技术的大部分研究还处于实验室阶段，没有进入大规模工业生产阶段，不过该技术在成本、能耗等方面具有一定潜力，对未来实现碳中和具有十分重要的意义。

深冷分离技术

蒸馏是一种应用广泛的分离技术，利用不同液体沸点的不同，通过加热来对液体成分进行分离，在炼油厂和酒厂里都会用到蒸馏分离技术。

如果温度足够低、压力足够高，气体会转化成液态，这时候就可以对它进行类似蒸馏的操作，这种技术称作深冷分离技术。

深冷分离技术又称低温精馏技术，原理是通过节流膨胀或绝热膨胀等机械方式将待分离的混合气体进行压缩，同时进行降温，将其转化成液态，然后对该液体进行升温操作，利用不同气体成分沸点的差异实现分离。

深冷分离技术得到的气体纯度非常高，适合在大规模化工生产中使用，不过设备复杂，前期需要较大的投资，而且生产过程中需要消耗大量的能源，整体运营成本偏高。

目前深冷分离技术广泛应用于氧气的提纯，全世界 80% 的纯氧都是通过深冷分离技术分离空气制造出来的。

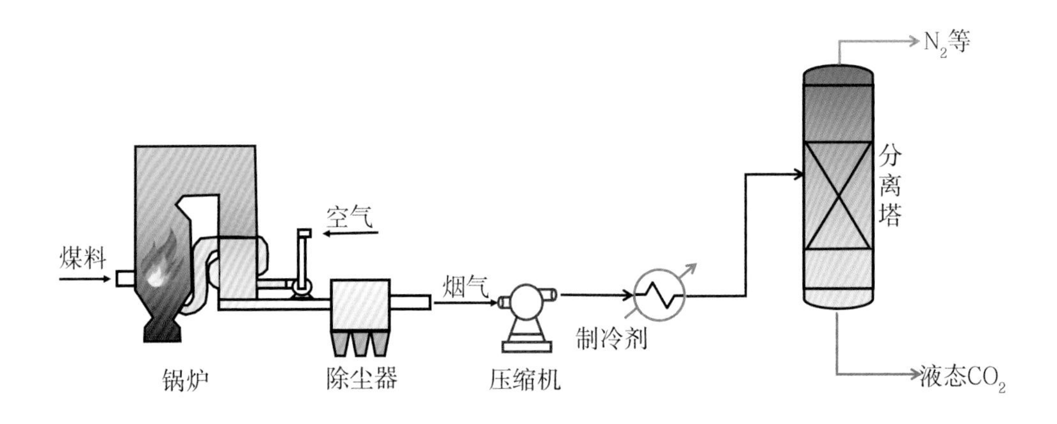

▲ 深冷分离技术示意图

在碳捕集领域，深冷分离技术的应用局限在使用该技术分离天然气中的二氧化碳成分，对化石燃料燃烧后排放的混合气体效果不佳，不仅需要引入复杂昂贵的设备，而且项目运行时的能耗和成本都很高，因此在这一领域中的应用并不广泛。

生物固碳技术

所谓生物固碳技术，是指利用植物的光合作用吸收二氧化碳并转化为有机化合物存储起来，从而降低大气中的二氧化碳浓度。在地球的生态圈里，生物固碳每时每刻都在运转着，绝大多数二氧化碳都是被这样固定下来的。

相比其他碳捕集、利用与封存技术，生物固碳具有很多优点，例如，不需要进行二氧化碳的收集提纯，不需要压缩运输，固碳成本非常低，在固碳的同时还能保护水土、调节气候等，并收获农作物、木材等重要资源，甚至可以以此进行新型能源的开发。

▲ 森林、草原和湿地都是存储二氧化碳的“仓库”

我们可以把地球上的一个个植物群落看作一个个巨大的“碳仓库”，其中存储了数量惊人的碳元素。根据植物群落所在的区域，可以分成陆地植物系统和海洋植物系统两大类。

人类生活在陆地上，与陆地植物系统的互动频繁。人类活动对陆地植物系统的影响非常大，有些陆地植物系统如农田完全是由人类制造出来的。人类想要利用生物固碳技术降低大气中的二氧化碳含量，最容易的入手之处就是对陆地植物系统的维护、拓展和改造。

陆地植物系统包括森林、草原、湿地、农田等类型，它们各具特色，在地球生态系统的碳循环中发挥着重要的作用。

◆森林

在整个地球的碳循环中，森林是陆地植物系统中最重要的组成部分，森林生态系统中存储的碳元素占据了陆地碳存储的近一半，对二氧化碳的吸收能力约占陆地植物系统的 80%。研究发现，森林生态系统每生长出 1 立方米的木材，就能够吸收约 1.83 吨二氧化碳，释放出 1.62 吨氧气。

目前，整个世界的森林面积约为 26 亿公顷，其中针叶林约 11 亿公顷，阔叶林约 15 亿公顷。世界森林资源分布很不平衡，绝大部分集中在北半球，其中针叶林主要分布在俄罗斯、挪威、瑞典等亚欧大陆国家和北美洲的加拿大、美国，阔叶林主

▲ 森林

要分布在赤道附近的热带雨林区。

森林是宝贵的资源，为人类提供了大量木材。然而人类活动对森林却造成了极大的破坏，在人类过度的开发下，许多历史上曾经被森林覆盖的地方现在都已经变成了荒原和沙漠。

随着工业革命的推进和世界人口的膨胀，人类对森林的破坏愈演愈烈，滥砍滥伐、毁林开荒摧毁了大片森林，频频发生的森林火灾也在加剧森林的破坏。森林被破坏后，不但失去了捕集、存储二氧化碳的功能，原本存储的碳元素也转化为二氧化碳被释放出来，进一步提高了大气中二氧化碳的浓度，带来更严重的温室效应，还带来水土流失、气候失调等一系列恶果。

保护森林已经是一项刻不容缓的任务，预防森林火灾、阻止滥砍滥伐、退耕还林等都是行之有效的措施。

除了保护现有森林，还有一个重要的工作就是植树造林。相比已经成型的森林，刚种植的树木无论在固碳能力还是水土保持能力上都略显不足，但只有今天将树苗种下，才有可能在未来获得一片茂密的森林。

中华人民共和国成立以来，始终将植树造林作为一项重要的工作常抓不懈，经过多年的努力，已经取得了丰硕的成果。在全球森林面积不断减少的大环境下，中国的森林资源逐年稳步增加，2009—2019 年，共种植人工林 7039 万公顷。从太空拍摄的照片上也能看到，中国的广袤国土正在被越来越多、越来越浓的绿色覆盖。

保护森林、植树造林仍然任重而道远，我们唯有不忘初心，砥砺前行。

◆草原

草原一般分布在纬度或海拔较高的内陆地区，因为这些地方的温度较低、土地相对贫瘠而且降水量较少，高大的乔木无法大量生长，这便给低矮的草本植物留下了充足的生长和繁衍空间，最终形成了广袤的草原。与森林相比，草原的固碳能力相对较弱，虽然一棵草很小，但所有草地的总面积很大，占整个地球表面的近 20%，庞大的面积让草地和森林一样成为存储碳元素的巨大仓库，在地球生态系统的碳循环中同样占据重要的位置。

草原植物在生命周期中吸收空气中的二氧化碳，转化为有机物存储起来，同时释放出氧气。死亡后，有相当一部分会被细菌分解变成腐殖质进入土壤，在改良土壤营养的同时将碳元素固定在土壤中。

草原在世界上的分布非常广泛，欧亚大陆分布着世界最大的草原，美洲、非洲和大洋洲也都有草原分布。

由于人类的过度开发和放牧，世界各地的草原都曾经受到了不同程度的破坏，出现了荒漠化、沙漠化的现象，严重影响了当地的生态环境。近年来，随着环保意识的提高，人们对草原的生态保护也越来越重视，退耕还草、科学放牧等工作陆续展开。经过多年的治理，草原生态开始逐渐恢复。

中国拥有丰富的草原资源，草原总面积近 4 亿公顷，约占全国土地总面积的 40%，每公顷的草原每年能够吸收约 2 吨的二氧化碳，对降低大气中的二氧化碳含量起到了非常重要的作用。

▲ 草原

◆湿地

湿地是指天然或人造、永久或暂时之死水或流水、淡水、微咸或咸水沼泽地、泥炭地或水域，包括低潮时水深不超过 6 米的海水区。湿地中生活着种类繁多的植物、动物和微生物，它们共同构成了复杂的湿地生态系统。

相比森林、草地等植物生态系统，湿地在地球上所占据的区域要小得多，大概只占地球陆地面积的 5%，然而湿地却是地球上最重要的“碳仓库”，存储了陆地生物圈 35% 的碳元素。这是因为湿地水体构成了厌氧环境，使得大多数微生物的活性降低，延缓了微生物对动植物残骸的分解过程，这些没有被分解的残骸沉积下来构成了富含有机质的湿地土壤，或沉积在水底变成“泥炭”，从而将大量的碳元素长期存储起来。

▲ 湿地

虽然湿地的固碳能力很强，但湿地生态系统相当脆弱，容易受到人类活动或自然条件变化影响。湿地围垦、过度开发、环境污染等都会导致湿地生态系统退化，引起湿地面积缩小、水质下降、生物多样性降低，甚至会让湿地最终消失。

一旦湿地被破坏，原本存储在其中的碳元素就会在微生物的作用下氧化分解，变成二氧化碳释放到大气中，成为产生二氧化碳的源头。为了避免这样的情况发生，必须加大对湿地的保护力度，减少人类活动对湿地生态的破坏。

中国的湿地资源十分丰富，从温带到热带、从沿海到内陆、从平原到高原山区都有湿地分布，总面积约为 6600 万公顷，位居亚洲第一、世界第四。为了更好地保护湿地生态，中国在 1992 年加入了《关于特别是作为水禽栖息地的国际重要湿地公约》，国家林业局随后成立了“湿地公约履约办公室”来推动湿地保护和执行工作，经过多年的努力，已经取得了令世界瞩目的成果。

◆农田

农田是用来种植农作物的场地，是人类食物的主要来源，也是完全由人类建立并管理的庞大生态系统，农田的面积和产量对人类社会的生存和发展具有极为重要的意义。

世界上现有农田的总面积约为 15 亿公顷，供应了全球 70 多亿人的粮食。中国的农田面积约为 20 亿亩（1 亩约为 666.67 平方米），位于世界第三，仅次于美国和印度，但人均耕地面积不足 1.5 亩，还不到世界人均耕地面积的一半，城市扩张和过度开发都可能对现有的耕地造成严重的破坏，保护耕地的任务十分艰巨。

▲ 农田（莫训强 供图）

农作物生长会吸收空气中的二氧化碳，这些二氧化碳会被农作物转化成各种有机化合物，一部分成为农产品，另一部分则成为秸秆等农业副产品。从这个角度看，农田具有捕集、固定空气中二氧化碳的能力。

但是农田的固碳效果并不稳定。在传统农业中，秸秆等农业副产品往往会被焚烧，除了造成严重的空气污染，还会将大量的二氧化碳释放到空气中，进一步提高了空气中二氧化碳的含量。

如果想要提高农田的固碳效果，最重要的工作就是将秸秆等农业副产品转化成土壤中的有机肥料，这样既固定了碳元素，也提高了农田的肥沃程度，有助于提高农田的产量，一举多得。

近年来，随着科学技术在农业中的推广，秸秆还田等农业技术开始广泛使用，对减少碳排放、增加土地肥力起到了重要的作用。

◆海洋

除陆地植物系统以外，海洋中同样存在着种类繁多的植物，其中数量较多的是各种藻类，从几微米大小的单细胞藻类到几十米高的巨型藻类都生活在海洋中，它们是海洋食物链底层的生产者，也是整个地球生态系统碳循环的重要组成部分。

海洋中的浮游藻类是最重要的固碳

植物，这些肉眼看不到的浮游植物数量庞大，在阳光的作用下通过光合作用将海水中的二氧化碳转化成有机化合物存储起来。根据科学家推算，仅在中国近海区域，浮游藻类植物每年吸收的二氧化碳就能够达到惊人的 6.38 亿吨。

除了能够吸收大量的二氧化碳植物，浮游藻类植物还能够长时间地封存二氧化碳。一部分浮游植物被海洋中的动物吃掉，固定的碳元素重新进入地球生态系统的碳循环中，另外一些则在死后沉入海底，其携带的碳元素便被长久地封存起来。

海洋中的大型藻类植物也能够吸收大量的二氧化碳，人们尝试通过人工养殖的方式在海水中培育海带、龙须菜等大型经济藻类，不但取得了可观的经济效益，同时吸收了大量的二氧化碳，对降低空气中的二氧化碳浓度具有非常重要的意义。

近年来，人类的过度开发和航行活动造成的污染给海洋植物系统造成了很大的影响。由于海水过度富营养化，引发了赤潮等生态灾害，破坏海洋生态的同时也对海洋植物吸收二氧化碳的能力造成了负面影响。

可以说，生物固碳技术是降低空气中二氧化碳浓度最经济的方法，而且使用生物固碳技术一般不会对生态环境造成破坏。在强调可持续发展的今天，这项技术显得尤为珍贵，受到越来越多人的关注。

生物固碳技术具有巨大的潜力，是碳捕集、利用与封存技术重要的组成部分，也是未来研究的重点方向之一。

▲ 海洋也是储存二氧化碳的“大仓库”

困难和收获

近些年，大气中的二氧化碳浓度升高造成的温室效应越来越明显，极端气候现象频繁出现，让越来越多的人认识到控制二氧化碳排放的重要性。

在很多科幻小说、电影里，因为温室效应加剧造成气温升高，导致海平面不断上升，最终整个世界变成了一个“水世界”，那时的人类即使没有灭亡也只是在苟延残喘，因为我们无法在那样的世界里生存。

为了保护人类赖以生存的环境，必须要降低二氧化碳的排放，这已经成为全球人类的共识。经过多年的研究，科学家们在碳捕集方面取得了许多进展，开发出了多种碳捕集的方法，不过距离碳捕集技术的广泛应用仍然有一段距离，还有许多问题需要解决。

制约碳捕集技术广泛应用的最关键因素就是成本，包括对现有设备进行改造的成本和运营中产生的成本。现在，碳捕集的投入和产出不成正比，难以看到可观的回报，这使得许多相关的研究都面临着无以为继的尴尬境地。

▲ 国家能源集团低碳院自主设计的溶剂法碳捕集测试装置

采用化石燃料的火力发电厂是二氧化碳的重要源头，也是碳捕集技术最具潜力的目标。但是目前大多数火力发电厂并不具有碳捕集能力，想要在其中推广使用碳捕集技术，必须对现有的生产设备进行改造，除了需要投入大量的资金购买设备，改造过程中停产造成的损失同样无法忽视，这对火力发电厂来说是一个沉重的负担。

除了安装成本，碳捕集设备在运行中需要消耗大量的能量，还需要定期补充耗材，这都是一笔不小的开支。因为建设和运营成本都很高，如果将目前采用碳捕集技术生产出来的二氧化碳看作产品，那么其生产成本非常高，不但高于煤化工中高浓度二氧化碳的提纯成本，更远高于从二氧化碳气田开采二氧化碳气体的成本。

现有的碳捕集技术在捕集二氧化碳的效率方面已经达到了较高的水平，实际应用中可以达到 99% 以上，完全可以满足需要。不过目前碳捕集设备的体积都很庞大，更适合在化工生产中使用，而不适合在汽车、飞机、轮船等交通工具中使用，如何将碳捕集装置小型化，以便应用于更多的场景，这将是未来重要的研究方向。

和其他的污染物不同，二氧化碳导致的温室效应并不会造成立竿见影的危害，其造成的全球气候变暖是一个缓慢而长期的过程，因此很多人对二氧化碳造成的威胁没有直观的认识，甚至在错误信息的误导下认为全球变暖只是一个骗局。

即使在很多了解二氧化碳危害的人眼里，碳捕集技术也是一个全新的概念，如何让更多人认识、了解碳捕集技术，从而推动碳捕集技术在更大范围内应用，是我们在将来必须思考的问题，也是我们必须要去推动的重要工作。

随着技术的进步和推广，碳捕集的成本将会显著降低，从而更容易应用于生产流程中，捕集更多其他方式生产出来的二氧化碳，从总体上降低碳排放量。

随着人们对二氧化碳导致的温室效应的认识越来越深刻，减少碳排放成为全人类的共识，碳捕集技术将会被更多人所熟知，并逐渐被应用到更多领域。

在不远的未来，中国将要实现碳达峰、碳中和，碳捕集技术必将在这个伟大征程中起到重要作用。

▲ 我们可以像用吸尘器捕集灰尘一样，使用治碳技术捕集二氧化碳

CO_2

第三章 二氧化碳大变身

我们现在已经知道，二氧化碳这只“老虎”是一种气体，过量排放会在地球大气层中形成温室效应，提升地球表面温度，然而这只“老虎”本身也是地球生态圈不可或缺的一部分，只是因为人类的活动才让它变得危险起来。

碳元素是地球上最重要的元素之一，以各种形式存在于地球的每一个角落，人类将原本深埋在地下的碳元素挖出来，让这些原本被封存的碳元素重新回到大气中，使整个地球生态圈的碳循环出现了故障。这时的地球生态圈就像是一个吃得太多的人，碳元素这种“营养”摄入过剩，如果不加以控制，就会变得越来越胖，最终影响整个身体的健康。

▲ 减肥只有两种途径，“少吃”和“多运动”

为了地球生态圈的健康，我们需要为它“减减肥”，让它恢复到一个稳定的平衡状态。我们知道，减肥没有捷径，唯有“少吃”“多运动”两条颠扑不破的真理。在地球生态圈这里也是一样，“少吃”就是要控制排放到大气中的二氧化碳，“多运动”则是要想办法将大气中的二氧化碳收集固定起来，最终消耗掉。想要做到这两条，除了需要想办法捕捉二氧化碳，还需要将这些被收集起来的二氧化碳处理好才行。

如果只把二氧化碳当作燃烧产生的“垃圾”，这就实在太委屈它了。事实上，二氧化碳可以应用于许多领域，是一种非常有用的资源，在生产、生活的各个领域应用都十分广泛，只要运用得当，就可以带来丰厚的回报。

▲ 二氧化碳不同利用方法示意图

从二氧化碳的应用方式来说，可以大致分为生物利用、物理利用、化工利用等。简单来说，生物利用是让大自然来帮忙，使用生态循环的方式让二氧化碳变废为宝；物理利用是利用二氧化碳本身的物理特性，将它直接通往需要的地方，让它在那里发挥作用；化工利用则是给二氧化碳“加点料”，让它变成其他有用的东西。

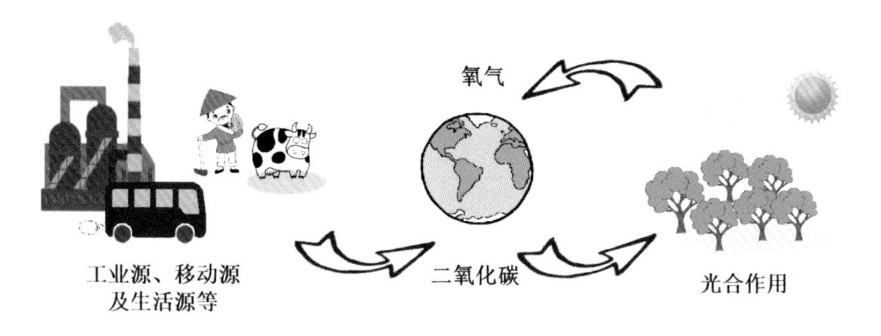

▲ 二氧化碳的地球生态循环示意图 -1

古人相信有一种炼金术能够点石成金，二氧化碳的应用就像是这样的“炼金术”，可以把无用、有害的二氧化碳废气变成令人心动的“黄金”。

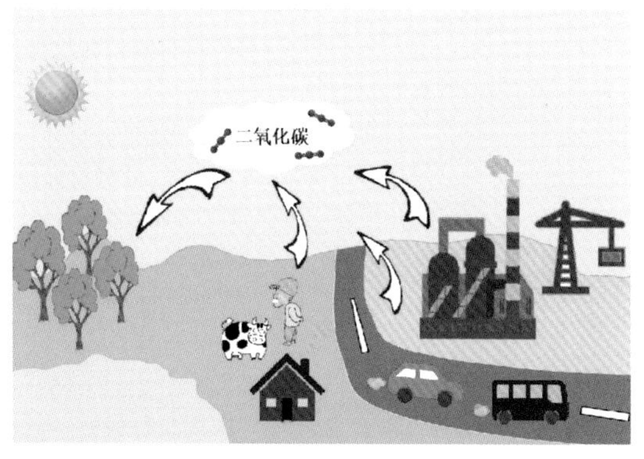

▲ 二氧化碳的地球生态循环示意图 -2

生物利用

从碳基生命在地球上开始繁衍起，二氧化碳就是地球生态循环重要的一部分，哪怕是将来我们征服了星辰大海，这一点仍然不会改变。

在某部科幻小说中，一棵树成了宇宙飞船的核心，它和宇航员一起构成了飞船内的生态系统，成为伙伴，甚至成为彼此的一部分，一起去探索遥远而未知的宇宙。我们的地球其实就像是一艘巨大的宇宙飞船，庞大而复杂的植物系统就像是飞船里的“树”，和包括人类在内的动物及其他生物相依共生，直到永远。

▲ 生物利用是二氧化碳最有效的利用方式

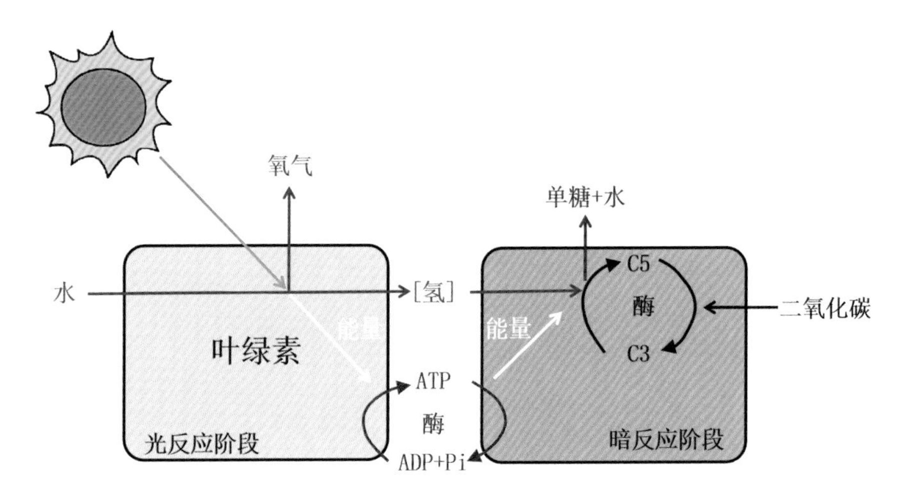

▲ 光合作用原理图

二氧化碳本身是地球生态系统碳循环的重要一环，在循环过程中发挥着不可替代的作用，植物可以通过光合作用将二氧化碳转化为碳水化合物存储起来。所以，当人类发现二氧化碳开始造成麻烦的时候，第一反应就是寻求大自然的帮助，用自然界的力量消除这些多余的二氧化碳，这就是二氧化碳的生物利用。

生物利用是对二氧化碳最有效的利用形式，不但环保无污染，还会生产出食物、燃料等重要资源。利用这个原理，人们已经开始尝试打造独立、封闭的生态系统，就像是在许多科幻小说提到的未来星际飞船上的生态循环系统那样，这些系统可以在处理二氧化碳和其他废弃物的同时生产出粮食和干净水供人们使用，能够在数十、数百年间不停运作，可以看作一个缩小版的地球生态圈。

相比地球生态圈的浩瀚和伟大，人工干预的力量显得十分渺小，现实中对二氧化碳的生物利用主要是用作气体肥料进行农作物增产，以及通过培育蓝藻来生产生物燃料。

▲ 二氧化碳的生物利用可以生产出粮食

二氧化碳气肥

植物的光合作用需要吸收二氧化碳和水，并在阳光的作用下转化

▲ 塑料大棚

为碳水化合物，同时存储能量。二氧化碳是光合作用的重要原料，提高二氧化碳的供给，在一定程度上可以让植物的光合作用进行得更高效，如果二氧化碳浓度过低，植物的光合作用会减缓甚至停止。

正常情况下，农作物可以从大气中获得光合作用所需的二氧化碳，但温室或大棚这样的种植场地空间相对封闭，与外界的气体交换较少，当农作物的光合作用强度较高时，大量的二氧化碳被消耗，内部的二氧化碳浓度降低，无法满足农作物光合作用的需要，从而导致农作物生长缓慢甚至减产，因此二氧化碳浓度成为温室及大棚农作物产量的重要限制条件。

经过实验，科学家们发现将二氧化碳作为气体肥料输入温室或大棚，可以极大地提高农作物光合作用的效率，达到增产增收的目的。

随着碳捕集技术的不断完善和推广，将会有越来越多的二氧化碳被捕获，其获取成本也会越来越低。将这些被捕获的二氧化碳作为气肥应用在农业生产中，不但可以减少二氧化碳的排放，还能够增加农产品的产量。

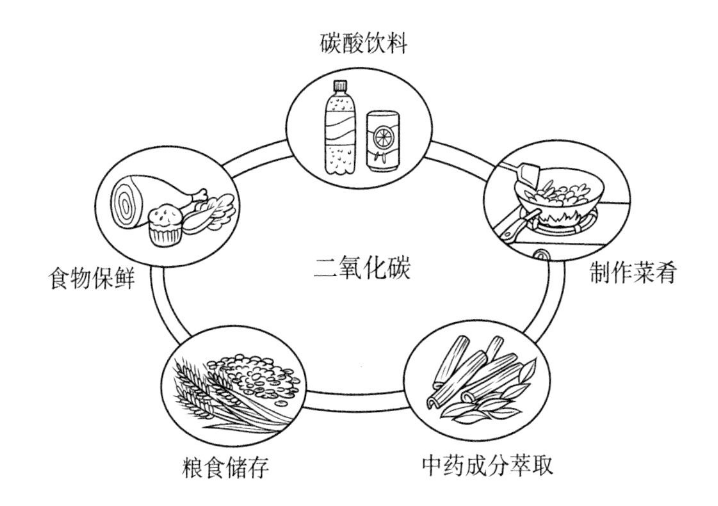

▲ 二氧化碳在食品加工中被广泛应用

蓝藻、二氧化碳和生物燃料

为了摆脱对煤炭、石油、天然气等化石燃料的依赖，人类一直在寻找替代的能源，生物燃料就是其中一种。

地球上绝大多数能源都来源于太阳，白天源源不断的阳光给地球带来了充沛的能源。不过阳光没办法进行存储，一旦夜晚降临或阴天下雨，太阳能便随之减弱甚至枯竭。想要利用好阳光的能量，就必须想办法将阳光的能量存储起来。

曾经有人幻想将阳光存储在罐子里，只要打开罐子就可以把存储的阳光释放出来，从而在午夜也能享受到正午的阳光，虽然这个幻想直到目前仍然没有变成现实，不过人们的确已经发明了许多存储太阳能的方法。

常用的存储方式是将太阳能转化成电能、热能或其他形式存储起来，这些转化储能的方式通常会造成相当程度的浪费，所以人们开始尝试利用太阳能生产生物燃料来存储太阳的能量。

最初的生物燃料是使用甘蔗、玉米等粮食作物作为原料生产出来的乙醇，这种生产方式需要消耗大量的粮食，不但成本较高，还有可能在某些地区引发食物短缺等人道主义危机，因此一直备受争议。

第二代生物燃料采用秸秆、废弃木材等作为原料，通过催化将原料中的纤维素转化为糖类，然后再用来生产乙醇等燃料。虽然原料环保且廉价，但转化率和产量都较低，目前还不能进行大规模的生产，需要进行更多的研究和完善。

第三代生物燃料的原料来源于蓝藻。

从生物学角度来说，蓝藻并不是植物，而是一类古老且原始的单细胞原核生物，在分类上更接近细菌，早在35亿年前就出现在地球的海洋中。蓝藻体内含有叶绿素，能够进行光合作用，吸收二氧化碳释放出氧气，是地球上最早出现的放氧生物，是将地球从无氧状态转化成有氧状态的“最大功臣”，为后续使用氧气产生能源的生物产生提供了必要的条件。可以说，没有蓝藻的改造，就没有现在的地球生态圈。直到现在，蓝藻仍然是地球生态系统中重要的氧气来源之一。

作为生物燃料的原材料，蓝藻具有许多优势，其细胞内部油脂含量较高，可以达到40%～80%，而且细胞结构简单，容易被分解。此外，蓝藻生长迅速，具有很强的繁殖能力，可以实现迅速增殖，其在水中生长，不占用耕地，产量很高。

蓝藻制成的生物燃料无毒无害，可以被微生物降解，不会对环境造成污染，而且在同等条件下燃烧时，释放的污染物远少于化石燃料。

蓝藻对硫化物、氮化物等杂质气体具有很强的适应能力，火力发电厂排放的烟气不经处理就可以送入养殖蓝藻的水体中，其中的二氧化碳和其他气体污染物都可以作为蓝藻生长的养分被吸收，在降低污染的同时也增加了蓝藻的产量，可谓一举两得。

▲ 对光能的利用受到昼夜的限制

▲ 甘蔗

▲ 玉米

美国焦耳生物技术公司曾做过这样的实验：在特制的光生物反应器中，培养出转基因蓝藻，这些蓝藻通过光合作用，可将二氧化碳和水变成乙醇或柴油等燃料，之后再使用传统的化学分离技术来收集这些生物燃料。目前使用蓝藻养殖并制作生物燃料的技术还不够成熟，仍有许多问题需要解决，例如水资源消耗较大、分离成本较高等，不过随着人类对环境保护越来越重视，这项技术在未来也会有广阔的发展空间。

欧洲联盟在用蓝藻制造生物燃料时采取了不同的方法：首先利用聚光装置产生的高温能量，将水和二氧化碳转化成合成气。合成气的主要成分是氢气和一氧化碳，之后再利用余热，将高温合成气转化成太阳能燃油。这项技术目前还在研究与探索中。

使用二氧化碳制造生物燃料，既可缓解碳排放带来的压力，又可以满足我们对燃料日益增长的需求。未来，二氧化碳利用方面，“生物燃料制造”是一个重要的研究方向。

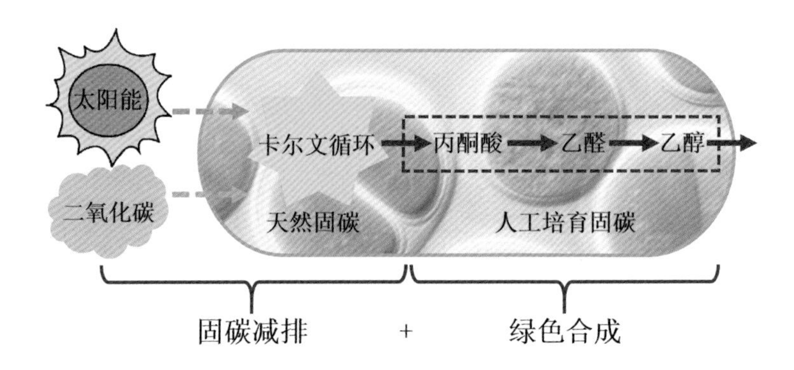

▲ 使用蓝藻和二氧化碳制造生物燃料示意图（中科院青岛能源所 栾国栋 供图）

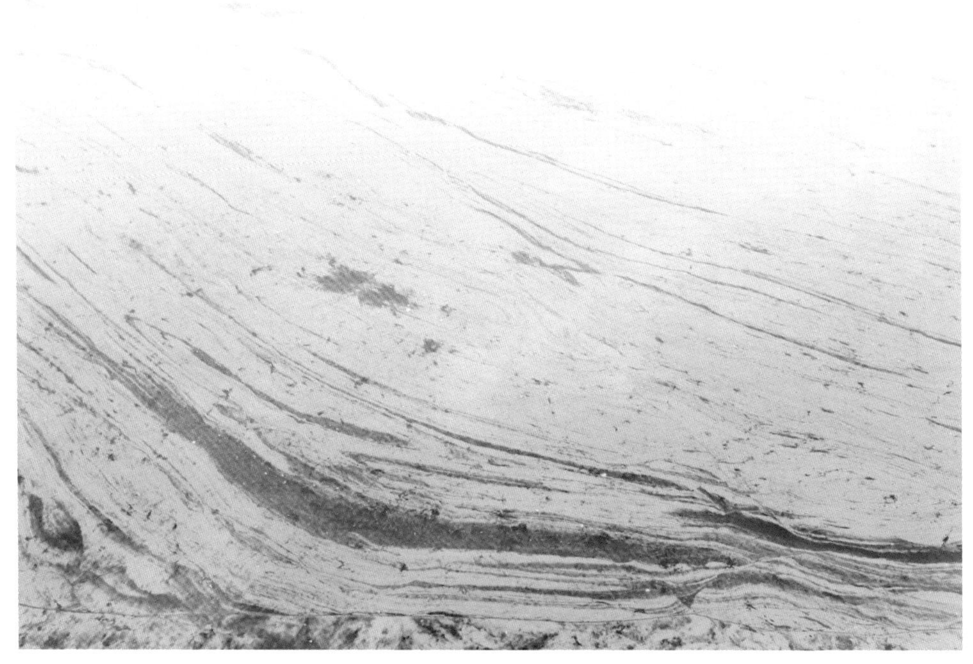

▲ 蓝藻早在35亿年前就出现在地球的海洋里

物理利用

二氧化碳的物理利用是指利用二氧化碳特殊的物理性能，将其应用在生产生活中，利用过程中不改变二氧化碳的化学性质，这是目前二氧化碳的主要利用方式。

常温常压下，二氧化碳是一种气体，具有气体的普遍性质，这就意味着我们可以将它“压”进细小的缝隙。同时二氧化碳也有自己的特性，例如化学性质稳定、密度相对较大等，为它的应用增加了更多的可能性。

在某些食品材料商店或网络购物平台上就可以买到装着压缩二氧化碳的气罐或气瓶，我们可以用它来制作口感清凉、消暑解渴的美味气泡水，这就是二氧化碳典型的物理应用之一。

二氧化碳的物理利用方式种类繁多，其中对二氧化碳需求量比较大的领域包括食品加工、强化石油开采、强化天然气开采、强化煤层气开采等。

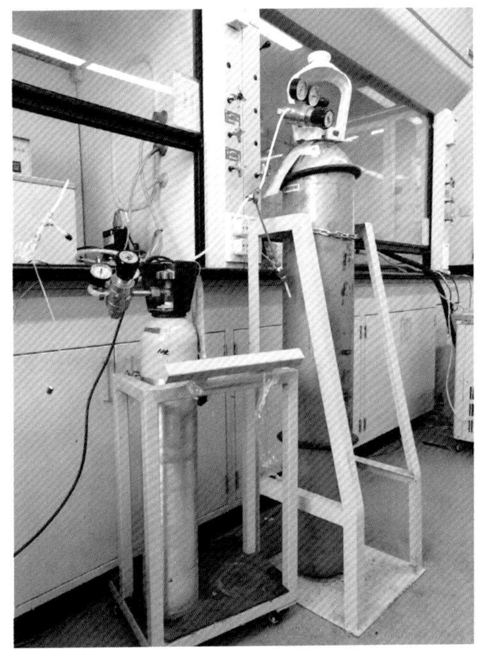

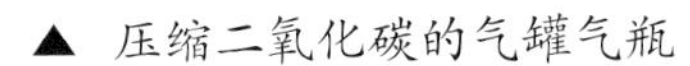

▲ 压缩二氧化碳的气罐气瓶

▲ 二氧化碳钢瓶

食品加工

二氧化碳气体无色、无味、无毒、无害，且化学性质稳定，因此在食品加工行业中得到了广泛的应用。我们平日里的饮食中，许多都会用到二氧化碳气体。

二氧化碳在温度较低的环境下易溶于水，温度升高时又会重新释放出来，同时带走热量。利用这个特性，人们在啤酒、碳酸饮料中添加二氧化碳，从而达到饮用后降温的目的，并获得了一种特殊的刺激口感。想象一下，炎炎夏日之中，大汗淋漓的我们从冰箱里拿出一瓶啤酒或碳酸饮料，仰头喝下一口，刺激的口感过后，随之而来的便是由内而外的清凉，这种感觉大约就是幸福了。

在低温高压的环境下，二氧化碳会凝固成白色的固体，俗称干冰。因为二氧化碳的沸点比熔点要低，所以干冰在受热升温时不会融化成液体，而是直接升华成二氧化碳气体，同时吸收大量的热量，还会将周围空气中的水蒸气凝结成小水滴，在附近造成雾气缭绕的特殊景观。利用这个特性，人们除了把干冰用作制冷剂，用于食物的保鲜，还将其应用在舞台上，制造烟雾缥缈的仙境效果。

高浓度的二氧化碳气体可以有效地抑制植物种子萌发，同时可以阻止微生物的

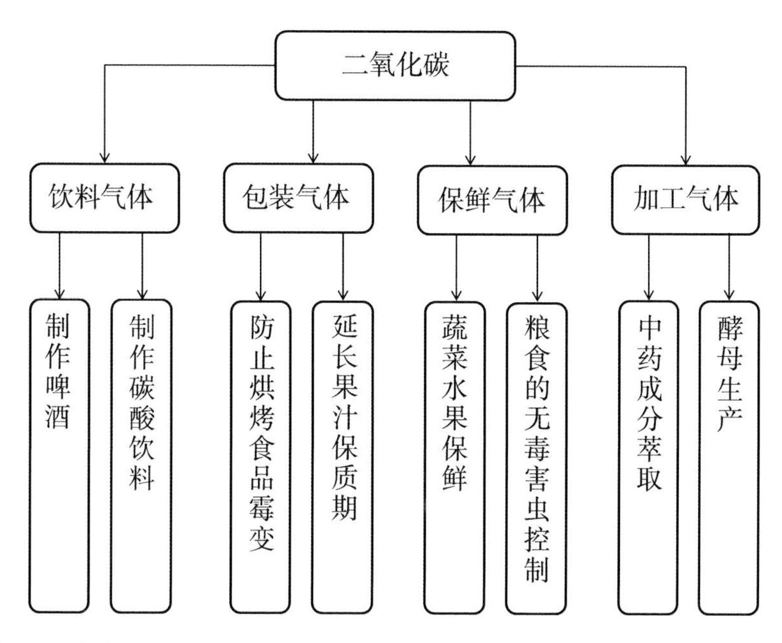

▲ 二氧化碳在食品行业的应用

▲ 二氧化碳经常被用来制作饮料

生长，杀死隐藏的鼠类或昆虫，并且不会对粮食造成任何污染，因此在粮食存储领域具有很大的优势，得到了广泛的应用。

除此之外，二氧化碳还被应用于烟丝膨化、中药成分萃取、酵母生产等多个领域，在食品生产领域发挥着重要的作用。

虽然二氧化碳在食品生产领域用途很广，不过消耗的总量并不大，而且使用后大都被直接排入空气中，无法起到长期存储二氧化碳的作用。通过碳捕集得到的二氧化碳应用于食品生产，代替其他方式生产的二氧化碳，可以在总体上降低二氧化碳的排放量。

强化石油开采

二氧化碳可以应用于强化采油技术，提升石油的产量。

二氧化碳强化采油技术的原理比较复杂，简单来说，就是用高压的二氧化碳将躲藏在地下岩石缝隙里的石油“挤”出来，这称为“气驱作用”。

我们可以把地下的油田看作一个装着油的气球，开始的时候，气球内部压力比较大，里面的石油会喷出来。随着石油不断喷出，里面的压力随之变小，剩下的油就喷不出来了。为了让剩下的石油能够喷出来，我们需要增加气球内部的压力，注入高压二氧化碳就起到了这个作用。

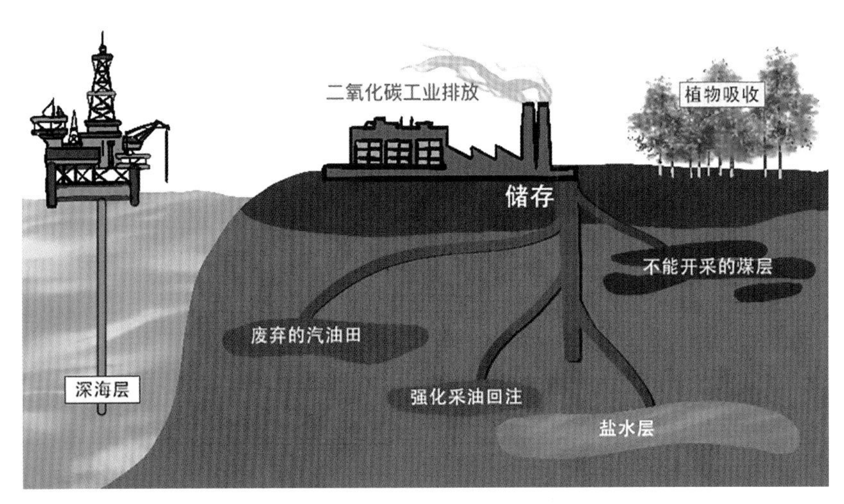

▲ 二氧化碳的物理应用

除了气驱作用外，二氧化碳溶解于原油中还可以降低原油的黏稠度，增加原油的流动性，从而提高原油产量。

通过运用二氧化碳强化采油技术，可以提高大多数石油矿藏的采油效率，延长油井的寿命。不过二氧化碳强化采油技术也有其局限性，例如需要油田处于原油生产的第三阶段、石油矿藏内部不能存在大规模的聚集气体等，因此并不是所有的石油矿藏都适合采用这一技术。

采用二氧化碳强化采油技术需要大量的二氧化碳，石油矿藏与二氧化碳气源之间的距离直接影响该技术的运行成本，距离越近，成本越低，整个项目所能获得的经济效益越高。

▲ 二氧化碳强化石油开采现场二氧化碳注入装置（中石油勘探院　丁国生　供图）

使用二氧化碳强化采油技术进行石油开采的过程中，注入地下矿藏内部的二氧化碳除了少部分随着石油被开采出来之外，大部分都被留在地下长久地封存起来，起到了碳封存的效果。

美国是世界上应用强化采油技术最广泛的国家，使用该技术对页岩油等含量较低的石油矿藏进行开采，据统计，采用强化采油技术产出的原油占比已经超过美国原油年产量的 30%。

随着中国经济的迅速增长，对石油的需求也越来越高，而国内的油田经过长年的开采，已经进入二次采油阶段的后期，产量逐步萎缩。采用二氧化碳强化采油技术可以提高这些老油田的产量，延长开采寿命，对中国的能源安全具有重要的意义。

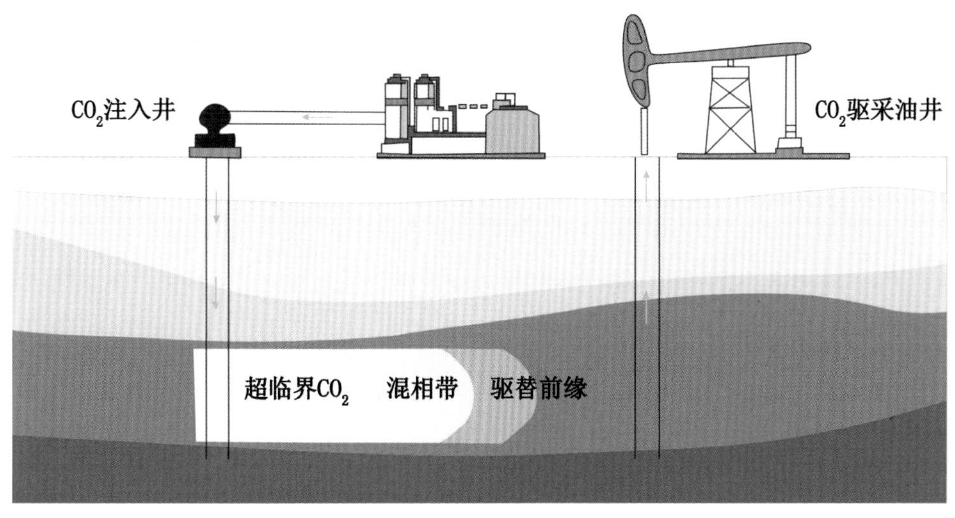

▲ 强化石油开采原理图（中国矿业大学　陆诗建　供图）

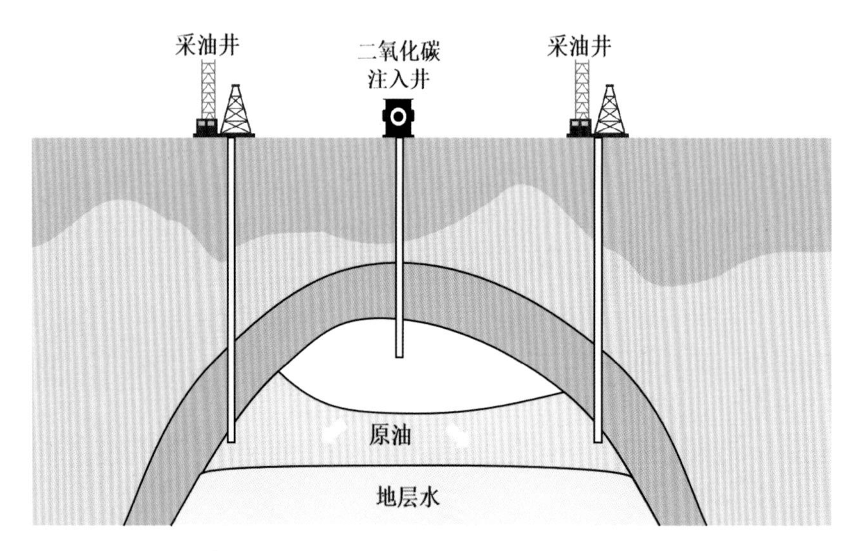

▲ 强化石油开采

强化天然气开采

天然气是重要的气体矿藏，主要成分是甲烷，埋藏在地下的天然气矿藏具有很高的压力，不过随着开采的进行，其内部压力逐渐降低，当压力降低到一定程度就无法继续进行开采，此时可以通过向矿藏内部注入二氧化碳来恢复压力，从而让天然气的开采得以继续进行，这就是二氧化碳强化天然气开采技术。

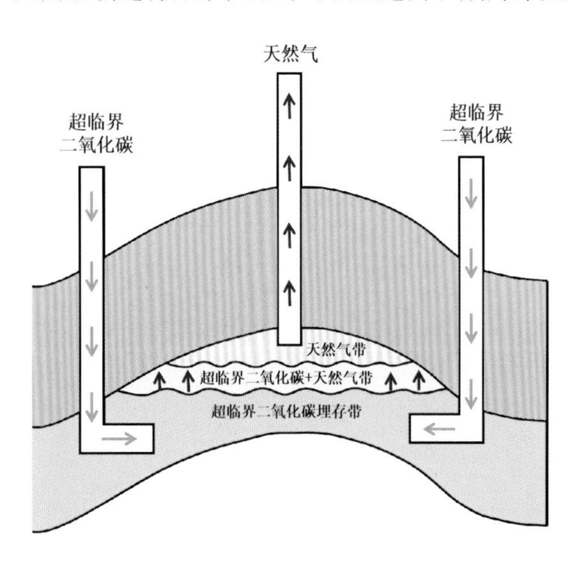

▲ 强化天然气开采（中国石油大学 彭勃 供图）

在天然气矿藏内部高压的环境下，二氧化碳的密度是甲烷的 2 ~ 6 倍。大量的二氧化碳被注入天然气矿藏内部后会向下移动，占据下方的空间，从而推动甲烷向上方移动，达到强化天然气开采的目的。但是这样开采出来的天然气不能直接卖给客户，得把二氧化碳从天然气中分离出来，这是碳捕集、利用及封存技术诞生的起点。

一般情况下，采用二氧化碳强化天然气开采技术可以将天然气矿藏的总开采量提高 5% ~ 15%，同时可以将大量的二氧化碳封存在地下，同样起到碳封存的效果。

中国的天然气资源相对贫乏，使用二氧化碳强化天然气开采技术可以有效地提高天然气矿藏的利用率。

强化煤层气开采

在煤矿内部的孔隙中含有大量的甲烷和其他轻质烃类气体，这就是煤层气。在传统的采煤过程中，煤层气无法被开采利用，只能在煤矿开采过程中释放到大气中，既给煤矿生产带来严重的安全隐患，又造成了资源的浪费，还给环境造成了污染。

二氧化碳强化煤层气开采技术通过将二氧化碳注入煤层，置换出煤层中的甲烷，然后将甲烷收集提纯，制成清洁的气体燃料。

使用二氧化碳进行煤层气的开采之后，注入的二氧化碳会停留在煤层中，如果这些煤层被开采，其中的二氧化碳会被释放出来，重新进入大气中，如果这些煤层被封存起来，其中的二氧化碳也会被长久地封存在地下，起到碳封存的效果。

煤层的深度越大，开采的难度和风险就越大，以人类目前的技术水平，只能够安全地开采深度在 1500 米以内的煤层，深度超过 1500 米的煤层几乎没有实际开采

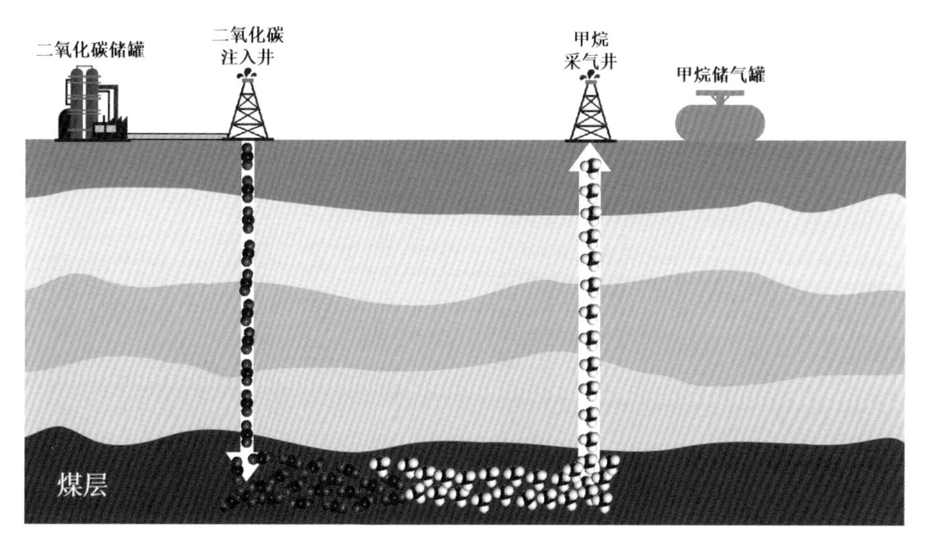

▲ 强化煤层气开采

▲ 二氧化碳驱煤层气现场实验（中科院武汉岩土所 方志敏 供图）

的价值。二氧化碳强化煤层气开采技术为人类利用深层煤层提供了新的思路，使用该技术除了可以获得清洁的气体燃料资源，还能将大量的二氧化碳近乎永久地封存在地底深处，对降低碳排放意义巨大。

目前二氧化碳强化煤层气开采技术相关的研究还不成熟，距离应用在工业生产中还有不少的路要走，各个环节有不少问题有待解决，例如煤层在二氧化碳的作用下出现性状改变导致持续开采效率下降的问题等。不过相信随着研究的深入，这项技术在未来将会拥有广阔的发展前景。

中国具有丰富的煤炭资源，采用二氧化碳强化煤层气开采技术具有广阔的应用前景，是未来研究的重要方向之一。

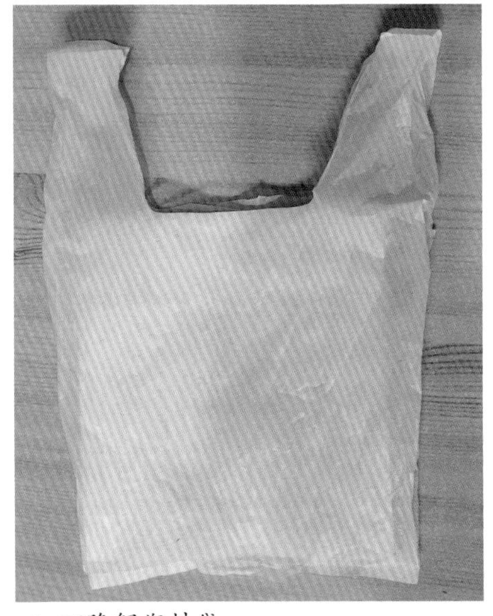

▲ 可降解塑料袋

化工利用

化工利用是将二氧化碳与其他原料进行反应，转化生成新的化合物，从而达到将二氧化碳变废为宝的目的。这一点和物理利用不同，物理利用之后，二氧化碳仍然是二氧化碳，化学利用之后，二氧化碳就不再是二氧化碳了，它可能变成我们手里的环保塑料袋或用于农业生产的化肥，以及其他多种多样的化工产品。

▲ 生产尿素的原料是二氧化碳和液氨

用作化工生产原料使用时，二氧化碳可以用来合成多种的无机或有机化工产品，例如，碳酸盐、碳酸氢盐、尿素等，这些产品被广泛应用于工农业生产的各个领域，产生了可观的经济效益。

随着科技的进步，二氧化碳在化工领域得到了越来越多的应用，成为重要的化工原料。将二氧化碳转化成高附加值的有机化工产品，是最具潜力的二氧化碳利用途径。

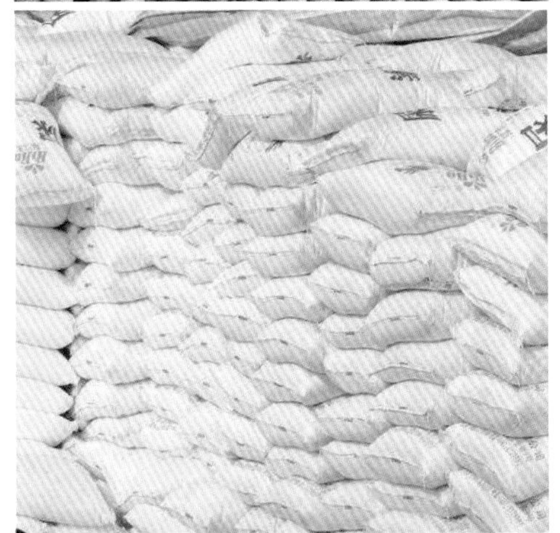

▲ 二氧化碳合成的化肥

合成化肥

化肥是现代农业不可或缺的重要部分，如果没有化肥，世界上可能会有数十亿人口陷入饥荒。可以毫不夸张地说，是化肥推动了现代农业的发展，才养活了现在世界的七十多亿人口。

传统的化肥生产是使用石油或煤作为原料，消耗大量资源的同时还会排放出大量的二氧化碳。经过多年的研究，科学家们发明了新的合成手段，使用二氧化碳作为原料用来生产尿素、碳酸氢铵等化肥。

尿素的化学名是碳酰二胺，是世界上最常用的化学氮肥，作为化肥使用时，营养成分高，肥效快，对土壤和农作物适应性好，便于贮藏和运输，能够显著提高农作物的产量。

在化工生产中，生产尿素的原料是二氧化碳和液氨，在合成塔内进行循环反应，经过分离浓缩，最终得到尿素产品。

由于液氨的运输比较困难，所以大多数化工厂都选择使用天然气等材料生产液氨，然后作为原料投入尿素的生产。

中国的天然气资源较为贫乏，煤炭资源丰富，因此国内大多数化工厂都是采用煤炭气化后的产物作为原料生产液氨。在这一过程中，会产生纯度较高的二氧化碳，将这些二氧化碳捕集之后便可以用于后续的尿素生产，这个过程本身就是碳捕集和利用技术的典型应用。

碳酸氢铵同样是一种重要的化学肥料，其化学性质很不稳定，容易分解成氨气、二氧化碳和水，使用过程中污染较小，长期使用不会影响土质，广泛应用于农业生产中。

合成碳酸氢铵的过程与合成尿素类似，首先通过煤炭气化制成氨气，然后氨气溶于水制成浓氨水，再将浓氨水与二氧化碳进行反应，通过浓缩、离心分离、干燥等步骤，最终得到碳酸氢铵产品。

制备氨气过程中产生的二氧化碳通过捕获、净化，可以直接作为原材料加入生产流程中，既减少了碳排放，又提高了经济效益。

合成可降解塑料

塑料是科技进步的重要成果之一，具有质量轻、强度高、价格低廉、易于加工等优点，在生产、生活中占据着举足轻重的位置。

塑料的化学性质非常稳定，这导致其几乎无法在自然状态下进行降解，大量的

▲ 塑料制品在生活中占据着举足轻重的位置

▲ 二氧化碳基可降解材料（中科金龙 徐坤 供图）

▲ 二氧化碳基可降解塑料（中山大学孟跃中 供图）

塑料制品被废弃，造成了严重的环境污染问题。

为了解决这个问题，人们开始研究开发可以降解的塑料材料，目前已经取得了很大的进展，成果之中就包括二氧化碳基可降解塑料。

二氧化碳基可降解塑料使用环氧丙烷作为原料，在稀土催化剂的作用下与二氧化碳进行聚合反应，得到的聚合物经过切粒、洗涤、干燥等工序，最终得到的产品就是二氧化碳基可降解塑料颗粒。

二氧化碳基可降解塑料具有和普通塑料相近的性能，同时能够在自然条件下迅速分解，具有良好的环保特性，可以在很多领域替代普通塑料，为环境保护工作作出重要的贡献。

随着二氧化碳捕集技术的成熟，二氧化碳的获取成本将会进一步降低，以二氧化碳为主要原料的可降解塑料的成本也会随之降低，从而具有更强的经济性和更好的市场前景。

▲ 二氧化碳基可降解地膜（中科金龙 徐坤 供图）

▲ 有机溶液

作为传统有机溶剂的替代品

很多化工生产都要用到有机溶剂，例如苯、丙酮、环己烷等，这些有机溶剂很多都带有毒性，一旦使用不当，就会对环境造成破坏，导致人员中毒甚至死亡。我们都听说过某些化工厂发生严重的污染事故，其中很多事故都是因为有机溶剂泄漏造成的。

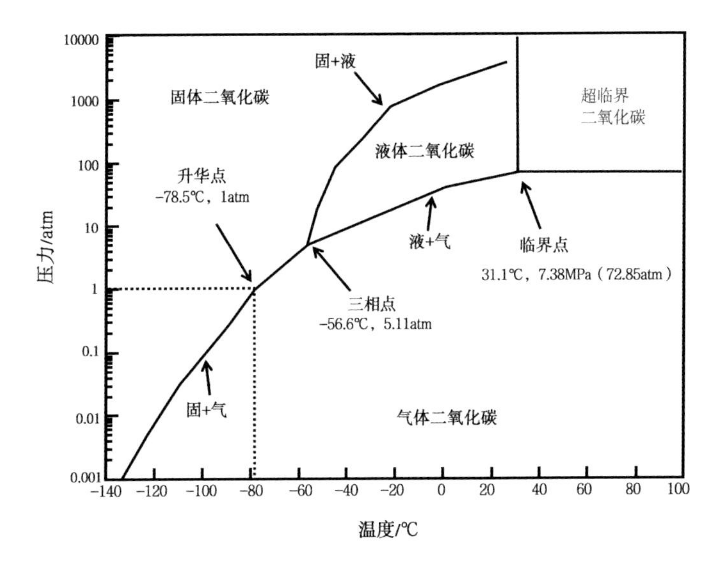

▲ 二氧化碳相图

鉴于有机溶剂会造成如此严重的危害，科学家们一直在致力于寻找可以替代它们的方案，其中一个选择就是二氧化碳，准确地说，是“超临界二氧化碳”。

“超临界”这三个字听起来科幻气息满满，不过跟“超级英雄”“超级赛亚人”之类并没有什么关系，指的是一种特殊的物质状态。

在高中的物理课上，我们学到了物态变化相关的知识：随着温度和压力的变化，物质的性状会在固态、液态、气态之间改变，三态之间相互转化的温度和压力称为三相点。当某些分子量较小的物质处于气液平衡状态时，对其进行升温升压，物质热膨胀引起液体密度减小、压力升高，气液两相的界面消失，成为均相体系，此时的物质温度和压力被称作临界点。处于临界温度和临界压力以上的流体是超临界流体。超临界流体处于气液不分的状态，没有明显的气液分界面，既不是液体也不是气体，对温度和压力的改变十分敏感，具有十分独特的物理性质，黏度低、密度大，有良好的流动、传质、传热和溶解性能，被广泛用于萃取、聚合反应、催化、色谱等领域。

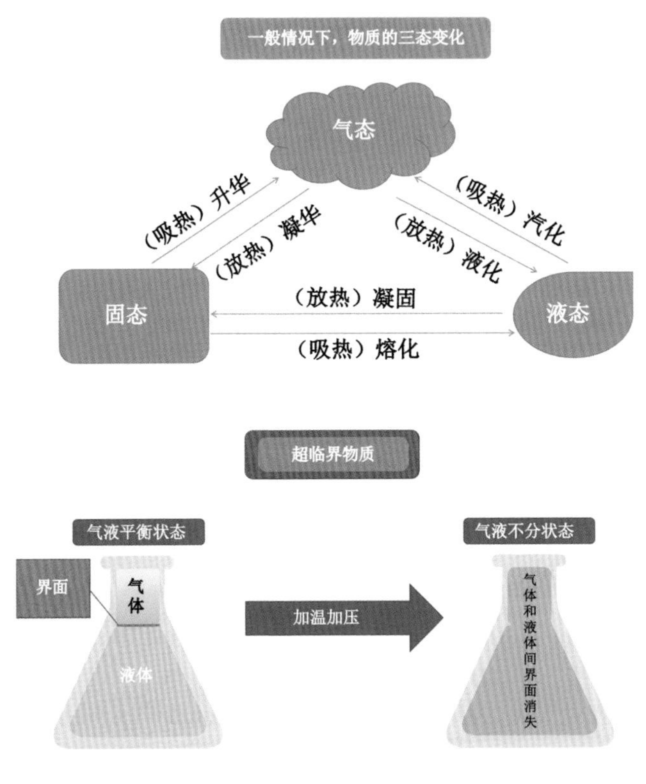

▲ 超临界物质

最常用的超临界流体是超临界二氧化碳。二氧化碳的化学性质相对稳定，无毒、无害，价格低廉，对环境的污染较小，临界压力为7.38兆帕，临界温度为31.06摄氏度，比较容易达到超临界状态，应用成本较低，安全性高。

超临界二氧化碳可以作为传统有机溶剂的替代品，能够有效地降低有机溶剂对环境造成的污染，而且其溶解性受温度和压力的影响较大，容易分离溶解在其中的混合物。除此之外，超临界二氧化碳在化学合成中的应用同样非常广泛，在加氢反应、羰基化反应、异构化反应等化学合成过程中表现出色。

展望未来

人们对二氧化碳的认识是复杂的，它是大气中重要的温室气体，对保持地球表面温度起到了重要的作用，同样也是气温升高、极端气候背后的“黑手”，而当我们找到正确的应对方式之后，二氧化碳便华丽变身，成了价值不菲的资源。

对二氧化碳的捕获和利用不仅能够变废为宝，还能够缓解日益严峻的温室效应，并为化工产业提供可以替代化石矿物的宝贵资源，具有现实意义。

目前在二氧化碳的利用过程中仍然存在许多问题，例如成本过高、效率较低、污染环境等，这导致了对二氧化碳的综合利用水平较低，每年通过这些途径消耗的二氧化碳量远小于人类活动排放的量。不过随着人们对温室效应造成的危害越来越关注，二氧化碳的捕获和利用技术必然会成为一个重要的科技领域。

随着相关科技的发展、进步和推广，二氧化碳的捕集和利用技术将会在未来创造出更大的社会效益和经济效益。这一切，都是为了我们和我们的子孙后代能够拥有一个美好的未来。

▲ 二氧化碳的捕集和利用能够变废为宝，为化工产业提供替代化石矿物的宝贵资源

第四章 地牢、水牢和石牢

传说中，古代的所罗门王会把抓住的魔鬼封印在瓶子或油灯里，这也是瓶中恶魔以及神灯精灵传说的由来。除此之外，在世界各地的神话传说以及衍生的文学作品、电影游戏中，“被封印的魔鬼”是一个经常出现的概念，这些家伙大都邪恶而且强大，一旦被释放出来就会造成巨大的灾难。我们小时候可能经常会想，为什么封印这些魔鬼的勇者不直接把它们杀死，一了百了？后来长大了才发现，并不是所有的“魔鬼”都能被“杀死”，例如核废料、过量的二氧化碳等。

随着人类活动区域的扩大和人口的增多，人类活动排放出的二氧化碳日益增加，特别是在工业革命爆发之后，化石燃料的大量使用让二氧化碳的排放量呈现爆发式的增长。过多的二氧化碳就像是一个无形的可怕“魔鬼”，悄无声息地侵袭着地球生态。当我们没法杀死这个“魔鬼”的时候，把它封印起来就成了最好的选择。

▲ 绿色未来

采用碳捕集技术可以将原本要排放到空气中的二氧化碳收集起来，接下来的问题是如何处理这些收集起来的二氧化碳。

最理想的方式当然是将这些二氧化碳进行二次利用，让这些“猎物”发挥出它们的价值。二氧化碳可以作为化工生产的原料，还可以应用在食品加工、强化采油等多个领域，具有很高的潜在应用价值，不过目前与二氧化碳二次利用相关的技术还有很多不成熟的地方，不仅利用规模十分有限，运行成本和利用效率都难以令人满意，还需要继续完善。

然而，目前二氧化碳造成的温室效应已经到了非常严重的程度，气温升高导致极端天气频发，如何降低二氧化碳排放已经成了人类迫在眉睫的重要任务。虽然人们在致力于将捕获的二氧化碳进行资源化利用，但以目前的技术水平和经济需求，资源化利用对二氧化碳的消耗很难满足减少碳排放的需求，两者之间的差距有多大？说是杯水车薪也不为过。

既然暂时无法将收集起来的二氧化碳全部二次利用，那就要想办法将多出来的部分存储起来，鉴于二氧化碳对地球环境的危害性，最好是能够让它们永远不会被释放出来。

▲ 二氧化碳罐装存储

▲ 蓝藻

为了减少二氧化碳向空气中排放，科学家们想了许多办法，碳封存技术就是其中之一。碳捕集技术可以帮我们抓住二氧化碳，碳封存技术则是将它们“封印”起来的重要手段。

二氧化碳的存储可以分为两类：一类是将二氧化碳压缩后存储在钢制气罐、低温存储槽、二氧化碳储液站等装置中，保存时间相对较短，一般作为转运过程中的临时存储使用，就像是用来封印魔鬼的瓶子；另一类是将二氧化碳注入地下、海底等特殊区域，将其长久地封存起来，持续的时间可能是数千、数万年，甚至可以达到数十万年，这就是所谓的碳封存，用这种方式把二氧化碳这个“魔鬼”深埋起来，让它永远没有机会再被释放出来。

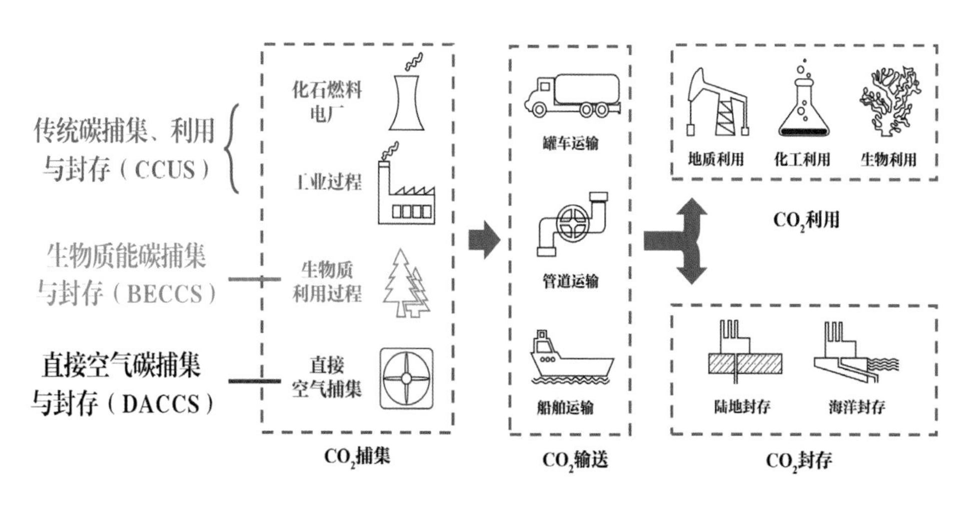

▲ 二氧化碳的捕集、利用和封存全流程图（来自中国 21 世纪议程管理中心）

现阶段，碳封存技术是降低碳排放、实现碳中和的重要手段，受到越来越多的重视。

二氧化碳“拘留所”

我们已经知道，二氧化碳气体无色、无味，就像是一只精力过于充沛的“哈士奇”，只要进入空气就是“撒手没”，再想找回来可就难了，所以我们必须想办法给它套上“项圈”，让它不能到处乱跑。

通过碳捕集技术收集到的二氧化碳，一般会经过净化、压缩、冷却等工序，将其制成二氧化碳液体或超临界二氧化碳进行存放。这只是把二氧化碳临时关起来，就像是哈士奇脖子上的项圈，只能保证被关在这里的二氧化碳在较短的时间内不被释放出来。

用于存储压缩气体的容器都可以用来存储二氧化碳，常用的有气罐、低温存储槽、储液站等。

气罐

气罐是存储压缩气体常用的装置，通常是用高强度碳素钢制成，可以承受很高

▲ 国家能源集团鄂尔多斯二氧化碳封存项目示范区二氧化碳槽车及储罐

▲ 二氧化碳储液站及储罐（大连理工大学 陈少云 供图）

的压力。装着液化石油气的煤气罐曾经是最常见的气罐，在 20 世纪八九十年代是很多家庭的日常必备设备，随着管道天然气的普及，煤气罐渐渐退出了人们的生活。

存储二氧化碳的气罐要比日常使用的煤气罐大得多，储量从几吨到数十吨不等。在工业生产中，用于存储二氧化碳的存储罐储量一般为 5 ~ 50 吨，并带有制冷装置和压力控制设备，将存储罐内的压力保持在 1.76 兆 ~ 2.1 兆帕。

低温存储槽

低温存储槽可以看作一个巨大的冰箱，利用二氧化碳在低温下容易被液化的特点进行存储和运输。

低温存储槽使用制冷机保持内部温度在 -30 ~ -23 摄氏度，压力在 1.9 兆帕以下，让存储其中的二氧化碳保持液态。取出其中存储的二氧化碳时，需要将液态二氧化碳经过气化器气化，再经减压阀减压，然后才可以进行输送或灌装。

二氧化碳储液站

二氧化碳储液站是近年来发展起来的新技术，可以看作低温存储槽的自动化版本，可以把气态二氧化碳气化、干燥，然后冷却成为液态二氧化碳，具有储运量大、自动化程度高、储运成本低等优点，在二氧化碳存储领域得到越来越广泛的应用。

这几种二氧化碳存储方式成本较高，并且无法长时间储存，风险性也比较高，一般用于二氧化碳产出之后至使用之前这段时间的临时存储。因为要把二氧化碳长期封存起来，首先需要把它们运到封存的地方。

运送二氧化碳的“囚车”

如何保证运输途中货物的安全，从古到今都是一个备受重视的问题。古代商人会雇佣镖局的镖师，吆喝着“合吾、合吾”口号押送货物，为的就是能够一路平安。

运输二氧化碳的过程中，虽然不用担心劫道的山贼水匪，不过二氧化碳运输这件事本身就有很高的风险，一不小心就会造成损失，甚至引发危险。

常温常压下，二氧化碳是一种无色、无味的气体，运输起来难度很大，所以目前在生产中的二氧化碳通常采用液态或固态进行运输，运输形式主要有非绝热高压钢瓶装运、低温绝热容器装运、干冰装运、管道输送等。这些装置就像是运输犯人的“囚车”，让二氧化碳这位“囚犯”在运输过程中无法逃脱，为了达到这个目的，“囚车”必须足够牢固才行。

▲ 二氧化碳的罐车运输

非绝热高压钢瓶装运

非绝热高压钢瓶是用于装运气体或液化气体的常用容器，现在的日常生活中并不常见，不过如果去一些规模比较小的诊所，还是有可能会见到蓝色的钢瓶，一般是用来盛装医用氧气的。

根据设计承受的压力不同，可以将钢瓶分为 30 兆帕、15 兆帕、12.5 兆帕等多个级别。按照国家标准，液体二氧化碳需要使用15兆帕级别的钢瓶进行充装，在充装过程中需要严格控制充装系数，正常情况下，液体二氧化碳的充装系数为0.6，也就是钢瓶的每升容量可以充装0.6千克的液体二氧化碳。

▲ 非绝热高压钢瓶

充装二氧化碳液体之后，钢瓶应该存储在阴凉通风的环境中，避免阳光直射，远离火源和热源，温度升高会让瓶内的液体二氧化碳气化，引起钢瓶内部压力升高，一旦内部压力超过钢瓶承受的极限，就会发生超压爆炸，造成严重的破坏。

高压钢瓶的存储量较小，一个容量为40升的钢瓶最多可以盛装24千克的二氧化碳，所以一般应用在二氧化碳运输量、使用量较少的过程中。

低温绝热容器装运

大量运输二氧化碳通常会采用低温绝热容器装运的方式，使用的装置名为低温绝热存储槽，可以在汽车或火车上进行改造安装，改造后的车辆称为“槽车”。简单来说，就是给冰箱装上了四个轮子。

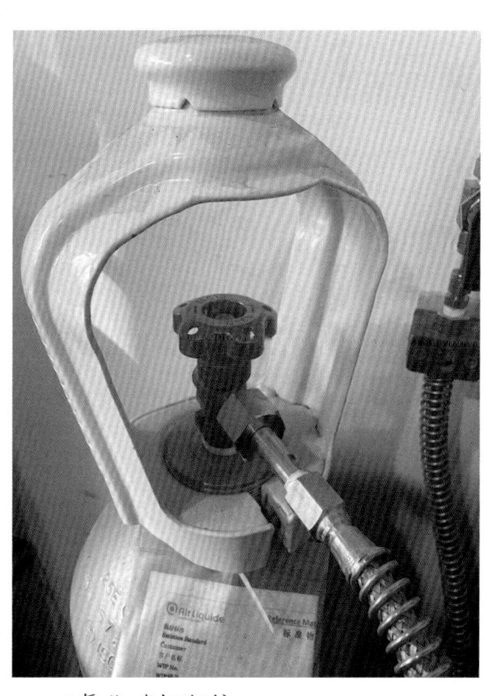

▲ 二氧化碳钢瓶接口

槽车的装载量从数吨到数十吨不等，配有降温装置，能够将内部温度维持在-20摄氏度左右。相比高压钢瓶运输的方式，槽车运输的方式具有很大优势，不但运送量大、安全性高，

▲ 二氧化碳储存罐车

而且运输费用较低，适合大量二氧化碳的长途运输。

在必要的时候，低温绝热存储槽也可以安装在轮船上，使其具备大规模长途运输二氧化碳的能力，还可以直接使用现在用来运输液化石油气的海轮来运输二氧化碳，两者的技术具有很高的相似性。

干冰装运

固态的二氧化碳称为干冰，是一种用途广泛的制冷剂，一般采用绝热装运箱和普通车辆进行运输。

制备干冰需要花费大量的能源，而且干冰的状态不稳定，在运输过程中很容易受热升华，造成大量的损失，所以并不适合以干冰装运的方式长距离运输大量二氧化碳，一般只有作为商品使用的干冰才会采用这种方式运输。

▲ 干冰制备过程

▲ 超临界二氧化碳输送管道（大连理工大学 陈少云 供图）

管道输送

对于气体来说，管道运输是最经济、最安全的运输方式，我们家里日常使用的天然气就是通过管道输入每家每户的。

如果二氧化碳气源和应用场所距离不远，可以使用管道输送的方式进行运输，例如可以将从二氧化碳气田中开采出来的二氧化碳通过管道运输到油田进行强化采油。

管道输送二氧化碳可以选择气态、液态、超临界状态等不同形式，不过从经济效益和安全性考虑，通常以气态二氧化碳的形式进行运输。

▲ 干冰装车过程

在设计二氧化碳运输管道时，需要考虑许多因素，包括沿线的地形地质、人口分布、生态环境等，还需要确定管道的运行参数、管径大小、构成材料、填埋方式等条件，如果管道长度较大，还应该在中途设置加压设备。

二氧化碳无色、无味，在较低浓度下并不会造成中毒，但二氧化碳密度比空气大，在通风不良的环境下容易聚集在较低的区域，一旦空气中的二氧化碳浓度超过10%，就会让身处其中的人类窒息死亡。如果二氧化碳输送管道发生大规模泄漏，将会对附近的居民造成严重的威胁，所以在建设时应尽量避开人口稠密的地区。

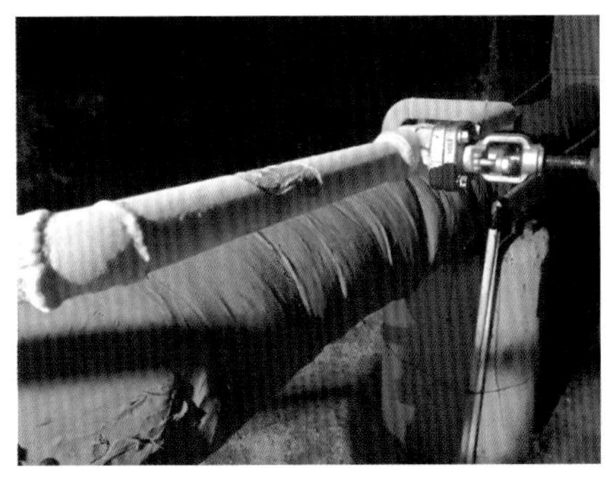
▲ 二氧化碳管输与注入接口（大连理工大学 陈少云 供图）

在这几种常用的二氧化碳运输方式之中，管道输送的前期投入最大，不过一旦投入长期运营，则是成本最低的运输方式，在项目中如何选择运输方式，还要根据实

▲ 二氧化碳管输模拟泄漏实验（大连理工大学 陈少云 供图）

际的具体情况来判断。

封印二氧化碳

魔鬼被英雄封印起来，然后随着时间的流逝，封印的力量变得越来越弱，最终魔鬼突破封印重回世间，给人间带来了巨大的灾难……类似的情节我们在许多故事中都读到过，现在却可能会在现实中真实再现，这个“魔鬼”就是二氧化碳。

我们可以通过碳捕集技术捕获到数量庞大的二氧化碳，但在目前只有其中很少的一部分可以作为资源进行利用，剩下的二氧化碳就像是烫手的山芋，成了人们必须面对的棘手问题，一旦存储方式出了问

▲ 鲁本斯绘制的圣乔治屠龙

题，这些二氧化碳就会重回大气，继续危害世间。

所以，我们需要一个更稳妥的方法来封印二氧化碳这个“魔鬼”。为了将这些被捕获的二氧化碳在尽可能长的时间里被保存起来，人们想了许多办法，其中比较常用的是将其注入地下或海底进行封存，这样可以保证被封存的二氧化碳在未来的数千、数万甚至数十万年内都不会重新进入地球大气。

下面主要介绍目前常用的几种封存二氧化碳的方法。

地牢——地下封存

地下填埋是很常用的垃圾处理方式，垃圾分类后的“其他垃圾”大都是通过填埋的方式进行处理。不过二氧化碳的处理显然不能简单地一埋了之。

为了保证二氧化碳能够被长久封存，可以选择将其注入地下深处深埋，这就是二氧化碳的地下封存。

地下封存又称地质封存，是将压缩后的液态二氧化碳注入地下深处的岩层中，从而达到长期封存的目的，这是二氧化碳最佳的“服刑”场所之一。

地下含有石油、天然气等流体的多孔岩石构造非常适合封存二氧化碳，所以在使用二氧化碳进行强化采油、采气的同时，也可以将大量的二氧化碳封存在地下。

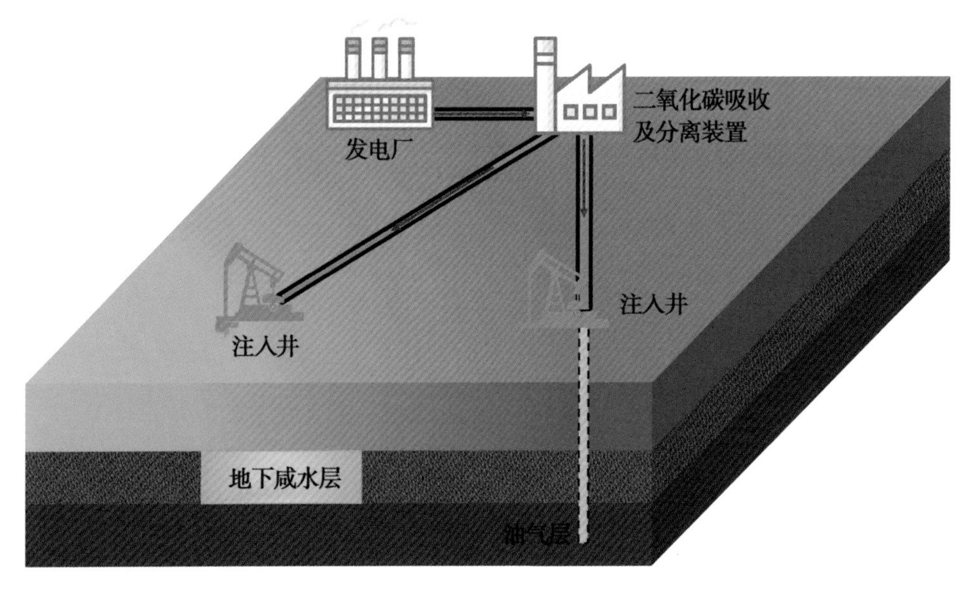

▲ 二氧化碳地下封存示意图

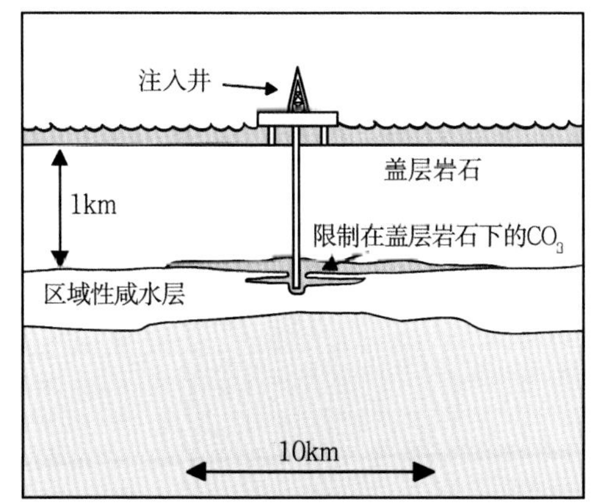

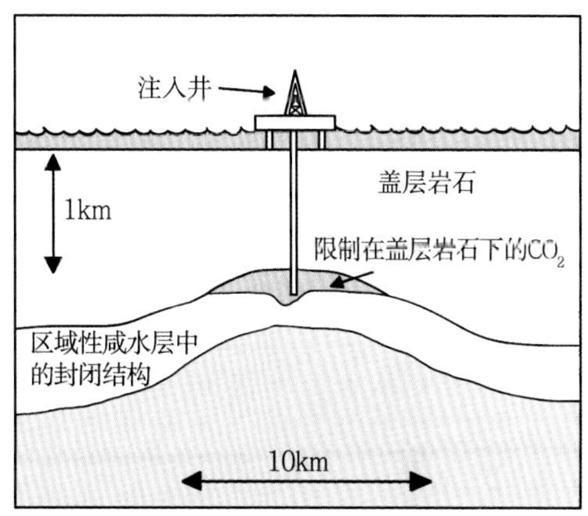

▲ 二氧化碳的地下封存

已经枯竭的石油、天然气矿藏同样可以作为封存二氧化碳的场所。

地下深处的煤层也可以作为封存二氧化碳的场所，不过为了让封存的二氧化碳不会再释放出来，需要选择那些在未来较长时间内不会进行开采的煤层，在煤层中封存二氧化碳的同时，还可以将其中蕴含的煤层气开采出来。

除了矿藏，还有些地质结构具有封存二氧化碳的能力，例如沉积盆地、地下含水层等。一般来说，封存二氧化碳的地层位于地面800米以下，存储二氧化碳的地层结构称为“储层”。

向地下深层地质构造中注入二氧化碳使用了许多原本用于开采石油、天然气的技术，例如钻探技术、井下注入技术、动态监测技术等，这些技术都已经比较成熟，具有较高的安全性和经济性。

◆封存机制

简单来说，储层中封存的二氧化碳会经历四个阶段，分别是构造封存、毛细封存、溶解封存、矿化封存，这些阶段中二氧化碳的封存机制各不相同。

构造封存是二氧化碳被注入储层之后较短时间内发挥作用的主要封存机制，主要通过致密的地质构造将二氧化碳封存在地下，其有效时间将会持续数十甚至数百年。

毛细封存又称残相封存，指使二氧化碳进入地下储层的细小孔隙中进行存储，是二氧化碳注入储层后得以封存数百至数千年的封存机制。

在地下储层中往往会存在地下水、石油、液化天然气等流体，注入的二氧化碳可以溶解在其中，以溶液的形式封存起来，这种封存机制称为溶解封存。溶解封存

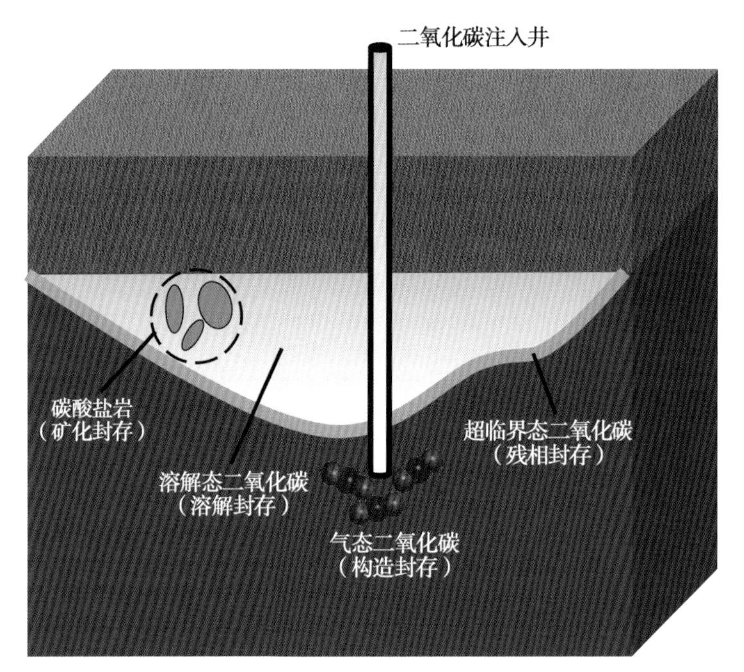

▲ 储层中二氧化碳经历的四个阶段示意图

机制对于二氧化碳的封存效果并不稳定，当外部环境发生变化时可能会将溶解的二氧化碳重新释放出来，造成二氧化碳的逃逸。

二氧化碳溶于水之后会生成碳酸，使溶液具有一定的酸性。碳酸能够与储层的岩石发生化学反应生成碳酸氢盐，随着碳酸的消耗，更多的二氧化碳溶解入水中，生成更多的碳酸氢盐，最终所有的二氧化碳都转化为碳酸氢盐矿物被存储起来，这个过程称为矿化封存。

矿化封存的过程非常缓慢，一般需要数千年的时间才能完成，不过生成的碳酸氢盐具有较高的稳定性，可以将二氧化碳封存数万、数十万年，甚至永远封存下去。

发展到这一步，二氧化碳基本上已经和地下矿物融为一体，近乎永久地禁锢在其中，再也没有“越狱”的可能。

◆封存地点

二氧化碳的地下封存需要选择合适的地点，常用于封存二氧化碳的地质结构包括油气田、煤层、矿坑或岩洞、咸水层等。

油气田非常适合用来封存二氧化碳，在使用二氧化碳进行强化采油、强化采气的同时，就可以将大量的二氧化碳封存在地下，可谓一举两得。除了开采中的油气田，已经采空的天然气田也可以用来封存二氧化碳，且具有很大的封存潜力。

煤层可以用来封存二氧化碳，为了保证被封存的二氧化碳不会很快被释放出来，通常选择短期内无法开采的深煤层，在封存二氧化碳的同时还可以进行煤层气的开采。

地下的岩洞和废弃的矿坑可以作为封存二氧化碳的场所，利用现有的岩洞和矿坑能够极大地降低二氧化碳的封存成本，但在封存时可能造成地质结构的破坏，引发一系列环境问题，所以在项目实施前需要进行审慎的评估。

地下深处的咸水层是二氧化碳长期封存的最佳选择，深层地下水通常会含有较多的盐分，可以加速二氧化碳的矿化封存过程，从而使封存的过程更安全、高效，并且具有更大的封存潜力。不过如何发现适合封存二氧化碳的深含水层，还需要进行更多的研究。

◆潜在风险

和所有的大型工程一样，二氧化碳的地下封存也存在一定的潜在风险。

在注入二氧化碳的过程中，可能会出现注入井破裂的情况，造成二氧化碳快速

▲ 国家能源集团鄂尔多斯二氧化碳封存项目现场监测

释放，从而形成井喷，高浓度的二氧化碳可能会对附近的工作人员造成健康损害，甚至危及生命。通过使用控制油气井井喷的技术，可以检测二氧化碳的泄漏，并对造成的灾害进行有效的控制和管理。

注入地下的二氧化碳可能会通过未发现的裂隙或断层逃逸，可能会影响地下的蓄水层，还可能渗透至地面并积聚在低洼处，对当地人员或动物的健康造成影响。为了避免这类灾害的发生，用来封存二氧化碳的地点需要尽量远离人口稠密的地区，并且配备适当的监测器材进行实时监控。

如果用于封存的地质结构存在缺陷，不能长时间封存注入的二氧化碳，可能会在封存过程中发生泄漏，导致封存的二氧化碳重新进入大气，引起温室效应等一系列问题，这也是潜在的风险之一。

虽然二氧化碳的封存有潜在风险，不过只要在前期规范设计和建设，中期注意调整和维护，后期维持监测和管理，就可以把风险控制在较低水平。

经过计算机模拟，正常情况下使用地下封存的二氧化碳经过百年之后的存量超过 99%，这证明地下封存技术能够长久、高效地封存二氧化碳，对于降低空气中二氧化碳浓度，减轻温室效应具有十分重要的意义。

▲ 二氧化碳封存区全景

水牢——海洋封存

▲ 海洋风光

将液体二氧化碳注入深海进行封存的方式，称为海洋封存。

在自然条件下，海洋在漫长的岁月中不停地吸收大气中的二氧化碳，被海洋吸收的二氧化碳一般停留在海洋上层，不会进入深海。这些二氧化碳是海洋生态碳循环的重要原料，为海洋中的浮游植物提供了生存繁衍的养分。

海洋封存需要将液体二氧化碳通过管道或船舶运输到适当的位置，再通过管道将其输送至海底，在水压的作用下，一部分二氧化碳将会保持液态，沉积在海底，聚集成二氧化碳“湖泊”，并与附近的矿物形成碳酸氢盐，从而实现长时间的封存；另一部分二氧化碳则会溶解在深海的海水中，并在一段时间之内随着海水的循环运动升至海洋上层，进入海洋生态碳循环。

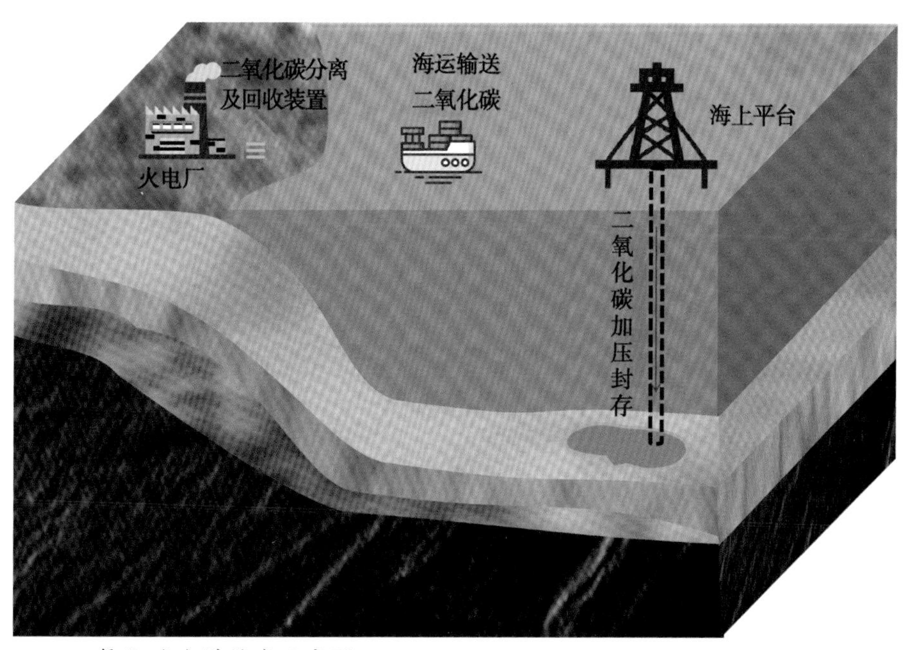

▲ 二氧化碳海洋封存示意图

理论上来说，将二氧化碳注入深海只是加快了海洋吸收二氧化碳的过程，海洋中封存二氧化碳的数量没有限制，只取决于海洋和大气之间的平衡状态，具有极大的封存潜力。

目前，海洋封存二氧化碳还处在研究和试验阶段，并没有大规模使用的先例，将大量二氧化碳注入深海会引起怎样的化学、生态变化，对海洋生物造成怎样的影响，还需要进行更多、更慎重的研究。

石牢——矿石碳化封存

矿石碳化封存是将二氧化碳与氧化镁、氧化钙等碱土氧合物发生化学反应，生成碳酸镁、碳酸钙等固体碳酸盐，以这种形式将二氧化碳固定下来。矿石碳化封存的产物非常稳定，被固定的二氧化碳不会被再次释放，可以用作建筑材料，也可以进行填埋封存。

碱土氧化物广泛存在于天然矿物中，例如橄榄石、蛇纹岩等矿物中就含有大量的碱土氧化物，科学家们认为，地壳中所含的碱土氧化物足以固定所有化石燃料燃烧后产生的二氧化碳。

某些工业废弃物中也含有少量的碱土氧化物，例如钢铁生产中产生的矿渣和矿灰，这些废弃物可以用作封存二氧化碳的材料，在固定二氧化碳的同时也降低了这

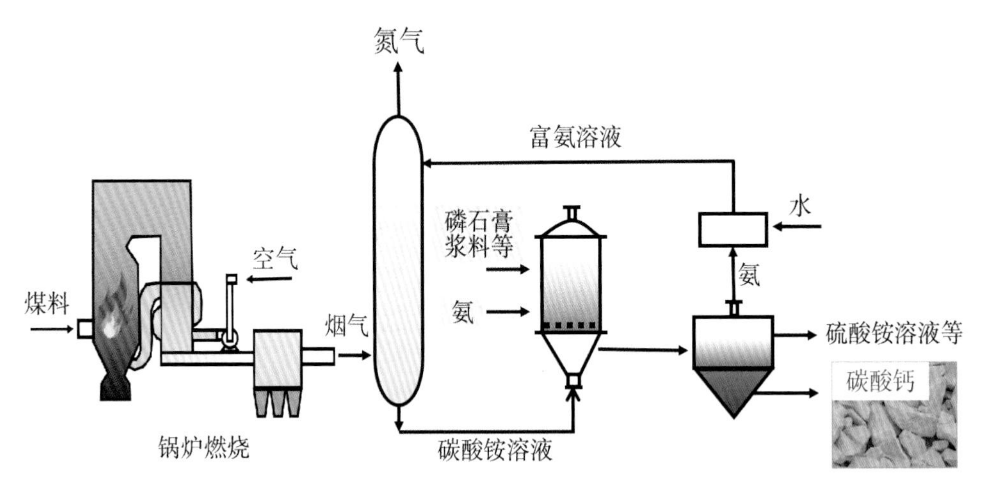

▲ 二氧化碳矿石碳化封存示意图

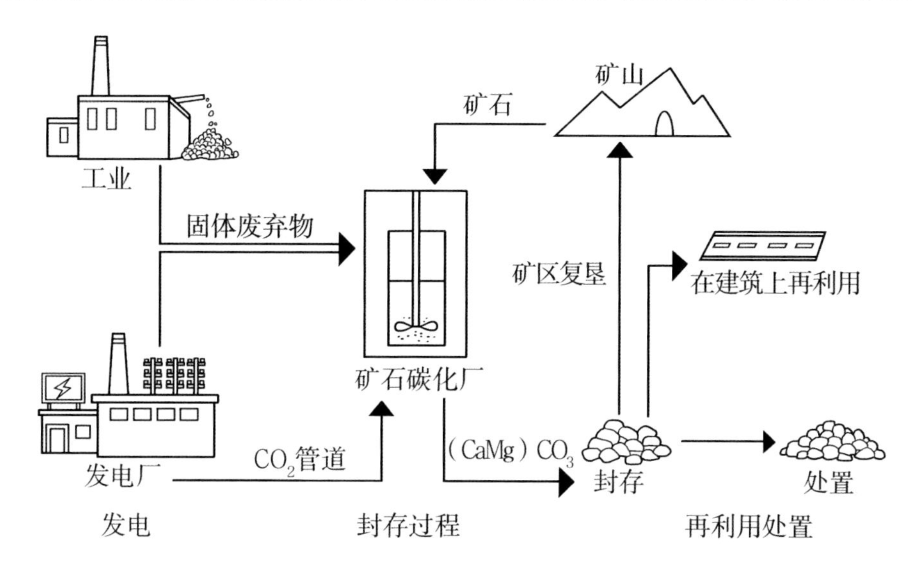

▲ 二氧化碳的矿石碳化封存

些废弃物对环境的污染。不过来自工业废弃物的碱土氧化物数量太少，远远无法满足二氧化碳封存的需要。

采用矿石碳化封存技术固定二氧化碳，需要开采矿石并进行粉碎加工，需要消耗大量的能源和成本，并可能会对环境造成污染，因此目前并没有大规模实施。

自然转化所——生态系统封存

森林、草地、湿地等生态系统具有很大的固碳潜力，通过适当的建设、保护和管理，可以使这些生态系统成为庞大的“碳仓库”，从而降低空气中的二氧化碳含量，减轻温室效应造成的影响。

但森林等生态系统对二氧化碳的固定并不稳定，一旦生态系统遭到破坏，其中存储的二氧化碳就会被释放出来，反而造成更严重的空气污染。为了避免这种情况出现，必须保护好现有的森林、草原、湿地等生态系统。

植树造林是促进生态系统封存二氧化碳的重要手段，中国是世界植树造林领域的引领者，经过多年的努力，中国目前的森林覆盖率已经接近23%，成为世界上森林增加最多的国家。

▲ 二氧化碳的生态系统封存

把什么留给未来

二氧化碳的封存对于减少碳排放、降低温室效应具有十分重要的意义。目前最成熟、最可靠的二氧化碳封存技术就是地下封存。

碳封存是一项长期的工程，其过程通常会持续数百、数千年甚至更长的时间，超过几代人的时间跨度。

我们把地下的资源挖出来，把这些资源燃烧耗尽，再把它们燃烧生成的二氧化碳判处“无期徒刑”，将它们重新封存在地下。按照这个模式发展下去，用不了多少年，我们就会把地下的资源消耗殆尽，只剩下深埋在地下的二氧化碳。

对于未来，我们心怀希望，也心存敬畏。为了我们的子孙后代，我们不应该把所有的资源都挖光、耗尽，只留下一个残破的地球和封存在地底深处的二氧化碳。

可持续发展并不是一个空洞口号，而是通往美好未来的唯一途径，在进行碳封存的同时，我们还需要开发更多清洁能源，并提高各种资源的利用效率，减少资源浪费和对环境的破坏。

让我们共同努力，把一个美丽、富饶、清洁的地球留给未来，留给我们的子孙后代。

第五章
降碳，中国在行动

中国是世界上最大的发展中国家,也是著名的“世界工厂”，拥有世界最大、最完整的制造业体系，为全世界的人们提供着物美价廉的商品。

商品制造、经济发展都需要大量的能源来支撑，为了生产这些能源，需要燃烧数量惊人的化石燃料，同时释放出大量的二氧化碳，给环境造成了沉重的压力。如果看总量的话，中国的碳排放量位居世界第一，这是由于中国人口众多，如果看人均碳排放量的话，中国仍然低于欧美等发达国家；另外，中国目前正处在经济高速发展的阶段，如果从历史碳排放的角度来看，欧美等发达国家在过去相当长一段时间的碳排放都远大于中国，对整个地球生态的影响要大得多；除此之外，中国作为世界工厂，生产出来的产品有相当一部分出口到海外，从这个角度上来说，中国实际上是为许多国家分担了碳排放量。

为了降低碳排放，实现碳达峰、碳中和的伟大目标，在中国共产党的领导下，中国人民已经作出了许多努力，例如植树造林、退耕还林等，与此同时，中国也在开发各种有助于节能减排的新技术，碳捕集、利用与封存技术就是其中重要的一项。

经过多年的努力，中国已经建立起了一系列碳捕集、利用与封存项目，这些项目大致可以分为“捕碳”和“用碳”两大类。

捕碳

相比美国等发达国家，中国的碳捕集技术起步较晚，不过随着对碳排放及温室效应的日益重视，碳捕集技术也越来越受到国内各界的关注。21 世纪初，中国开始与欧美的科研机构合作，进行碳捕集技术的研究和实验，从最初的学习借鉴到后来

▲ 为了生产经济发展需要的能源，需要燃烧大量的化石燃料

的独立自主，发展出了具有国际先进水平的碳捕集技术。

近年来，随着相关领域的投资逐年增加，中国在上海、天津、陕西等地建成了一系列碳捕集实践项目，为碳捕集技术的研究、发展和推广奠定了坚实的基础。

▲ 上海石洞口燃烧后碳捕集示范项目 -1（华能集团 刘练波 供图）

上海石洞口燃烧后碳捕集示范项目

上海石洞口第二发电厂于1988年开工建设，一期工程建设规模为120万千瓦。1992年，上海石洞口第二发电厂建成投产，是当时中国设备最先进、经济效益最好、运行效率最高、环境最洁净的电厂之一，成为此后许多新建电厂的样板。

为了支持2010年上海世界博览会，践行节能减排的理念，响应上海市发展“低碳经济”的愿景，中国华能集团有限公司决定在石洞口第二发电厂建设碳捕集装置，开展碳捕集技术的实践应用。

2009年6月，石洞口第二发电厂的碳捕集设备开始建设，并于2009年12月建设完成投入使用，该装置每年可以生产超过10万吨高纯度二氧化碳，是中国第一个燃煤电厂十万吨级二氧化碳捕集装置，开创了中国燃煤电站使用碳捕集技

▲ 上海石洞口燃烧后碳捕集示范项目 -2（华能集团 刘练波 供图）

▲ 上海石洞口燃烧后碳捕集示范项目 -3(华能集团 刘练波 供图)

术进行二氧化碳规模化生产的先河。

该项目使用乙醇胺溶液作为主要的二氧化碳吸收剂，每小时可以捕获二氧化碳 12.5 吨，经过一系列分离提纯，最终可以得到纯度超过 99.9% 的高纯度二氧化碳，这个纯度的二氧化碳完全满足食品级应用标准。产出的二氧化碳作为商品应用于食品、焊接等领域，基本满足了周边区域对二氧化碳的需求，实现了二氧化碳的资源化。

天津绿色煤电整体煤气化联合循环发电系统示范项目

2009 年 5 月，天津绿色煤电整体煤气化联合循环发电系统示范项目获得批准，同年开始建设施工，并于 2012 年建成投入使用。该项目的建设标志着中国具有自主知识产权、代表世界清洁煤电技术前沿水平的“绿色煤电”计划取得了实质性进展，对于促进中国煤炭高效利用和电源结构优化、推动中国洁净煤发电技术发展具有重要意义。

天津绿色煤电整体煤气化联合循环发电系统示范项目位于天津滨海新区的临港工业区，采用了华能自主研发的具有自主知识产权的煤气化联合循环发电设备，具有发电效率高、污染物排放低等特点。

该项目对煤气化联合循环发电技术在系统集成、工程建设、整体调试等方面进行了系统性实践和工程验证，成功开发了具有国际先进水平的干煤粉加压气化技术，采用高温高压陶瓷过滤器干法除尘、燃烧前脱硫剂及硫回收等先进技术，极大地降低了生产过程中对环境造成的污染。

在中国能源发展的历程中，天津绿色煤电整体煤气化联合循环发电系统示范项目具有非常重要的意义。在未来相当长一段时间内，中国的电力供应仍将以煤炭燃烧发电为主，为了降低煤炭发电对环境的污染、提高煤炭的能源利用效率，对煤气化联合循环发电技术进行深入、广泛研究和实践就显得尤为重要。

天津绿色煤电整体煤气化联合循环发电系统示范项目的建设，为未来高效、环保的煤电站提供了可以借鉴的模板。该项目进行了广泛的技术研究和储备，对于整个产业链的发展具有十分重要的意义。

▲ 天津绿色煤电整体煤气化联合循环发电系统示范项目

碳捕集技术研究

这些碳捕集示范项目的背后，凝聚了国内许多研究机构的成果。以国家能源集团（2017 年 11 月 28 日经党中央、国务院批准，由中国国电集团公司和神华集团有限责任公司联合重组而成）为例，其前身之一——神华集团在 2009 年即前瞻性地成立了

▲ 国家能源集团低碳院小规模实际烟气二氧化碳捕集测试装置

北京低碳清洁能源研究院（即国家能源集团低碳院），并在成立之初就将碳捕集技术列为重要的研究方向之一。

针对燃煤电厂捕集能耗成本过高的问题，国家能源集团低碳院开发了新型吸收剂，其吸收容量比现有基础溶剂增加50%，能耗降低约30%，同时还开发了新型快速气相有机胺分析方法，比传统方法操作更简便、可靠，极大地降低了使用成本，这些技术都有望在大规模碳捕集过程中得到应用。

国家能源集团低碳院还自主设计了百吨级燃煤电厂溶剂法捕集测试和评价装置，并在国家能源集团四川能源公司江油电厂建成使用，对国内外先进的碳捕集技术及相关材料进行测试，为该技术的进步提供了重要的数据支持。

在未来，国家能源集团低碳院将会继续在吸收法、吸附法和膜法碳捕集技术领域进行深入研究，为中国碳捕集技术的进步贡献自己的力量。

用碳

除了碳捕集技术之外，二氧化碳的利用及封存技术同样是研究的重点。

▲ 国家能源集团低碳院自主研发的高负载量碳捕集新溶剂

中国的石油资源相对贫乏，许多油田的油井经过多年的开采，产量已经开始下降，二氧化碳驱油技术可以提升油井的产量，对于恢复、提升国内各大油田石油产量具有重

▲ 2007 年 3 月，国内首次矿山抛掷爆破在国家能源集团准能黑岱沟露天煤矿实施，被称为“中国第一爆”

大的意义，同时还可以将大量的二氧化碳封存起来，可谓是一举两得。

与此同时，中国具有丰富的煤炭资源，使用二氧化碳进行煤层气的开采，可以在很大程度上增加能源的供给，保证国内能源安全，具有广阔的应用前景。

▲ 煤矿

吉林油田二氧化碳驱油项目

吉林油田下属的大情字井油田是一座历史悠久的油田，经过几十年的开采，开采效率逐渐降低，同时开采成本不断增加，之前曾通过采用注水驱油的技术增加开采效率，不过效果并不理想。

▲ 中国具有丰富的煤矿资源

吉林油田的科研人员研究发现，大情字井油田原始地层压力为 23.6

▲ 胺法脱碳装置（中石油勘探院 丁国生 供图）

▲ 伴生气二氧化碳变温回收装置（中石油勘探院 丁国生 供图）

▲ 伴生气二氧化碳变压吸附装置（中石油勘探院 丁国生 供图）

兆～24.5 兆帕，高于二氧化碳与原油的最小混相压力 22.1 兆帕，可以采用二氧化碳进行强化采油。

2005 年，长岭天然气田被发现，该气田产出的天然气中含有大量的二氧化碳，含量高达 21%，并且位置与大情字井油田相距不远，具备开展二氧化碳捕集及强化采油的基础条件。

依托长岭天然气田，吉林油田投资建设二氧化碳强化采油先导示范区，2009 年建成了中国第一座二氧化碳捕集及强化采油技术试验站，通过对天然气中的二氧化碳进行分离捕获，每年可以捕集数十万吨的二氧化碳。

捕集后的二氧化碳经过净化、压缩，通过管道输送至大情字井油田进行强化采油，有效地提高了油田的产量和采收效率，同时将数亿立方的二氧化碳埋入地下，极大地降低了长岭天然气田生产中的二氧化碳排放量，产生了可观的环境效益和经济效益。

通过数年的实践，吉林油田二氧化碳驱油项目为中国的二氧化碳强化采油技术提供了大量的科学数据，完善了相关技术并积累了大量的管理经验，为国内其他油田、天然气田实现降低二氧化碳排放、提升油气产量提供了重要的参考。

鄂尔多斯碳捕集与封存项目

鄂尔多斯碳捕集与封存项目是中国第一个，也是世界第一个“全流程煤基二氧化碳捕集并在低孔低渗深部咸水层进行二氧化碳封存”的示范项目。

鄂尔多斯位于内蒙古自治区西南部，总面积约8.7万平方千米，拥有丰富的煤炭、石油、天然气及其他矿产资源。依托丰富的矿产资源，鄂尔多斯的经济长期以资源开发为主，同时建设了大量以煤炭为燃料的火力发电站，成为中国西部重要的能源基地。

由于开采技术落后，鄂尔多斯的煤矿开采效率较低，造成了很大的资源浪费和环境污染。与此同时，火力发电厂采用煤炭作为燃料，释放出大量的二氧化碳和其他有害气体，对大气造成了严重的污染。

为了改变这一情况，当地政府实施了一系列措施，包括关停小型煤矿，对燃煤电厂进行环保改造，对废弃煤矸石、炉渣等进行再利用等，取得了令人瞩目的成果，极大地改善了当地的自然环境。

鄂尔多斯碳捕集与封存项目是当地节能减排的重点项目之一，对于减少二氧化碳排放具有十分重要的意义。该项目以煤直接液化厂为实施对象，以鄂尔多斯盆地的深部盐水层为封存目标区，通过建立示范性工程来推进碳捕集、利用与封存技术成果的产业化，是中国在二氧化碳地质储存工业化领域迈出的关键一步。

▲ 国家能源集团鄂尔多斯二氧化碳封存项目大气涡度监测装置

2009年2月，鄂尔多斯碳捕集与封存项目开始实施。

2010年5月，项目完成超过175平方千米的三维地震勘探，结合调研周边地质资料，选定了进行二氧化碳地下封存的区域。2010年8月，二氧化碳注入井开始钻探。

2010年6月，碳捕集装置开工建设，并于当年12月建设完成，具备了每年捕获10万吨二氧化碳的能力。

2011年1月，超临界二氧化碳注入地下2243.6米深的咸水层实验成功，5月正式开始二氧化碳连续注入，并在随后的生产过程中完成了多项科研测试，取得了大

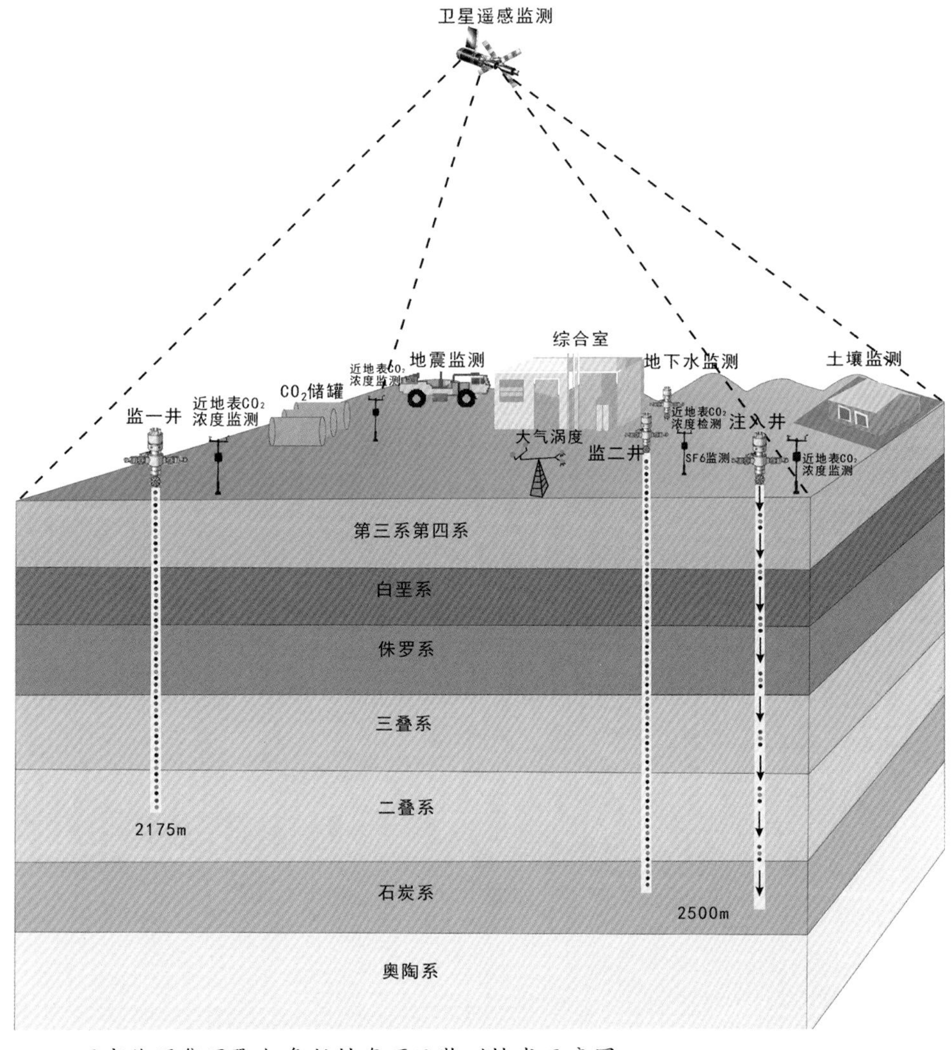

▲ 国家能源集团鄂尔多斯封存项目监测技术示意图

▲ 国家能源集团鄂尔多斯二氧化碳封存项目二氧化碳储罐

量的实验数据，证明项目运转状态良好，地下压力平稳，数据采集完整。截至 2015 年年底，该项目共向地下注入了超过 30 万吨的二氧化碳，完成了预定的封存目标。

鄂尔多斯碳捕集及封存示范项目是中国第一个全流程碳捕集及咸水层封存项目，首次实现了煤化工高浓度二氧化碳捕集技术与低孔、低渗、深部咸水层二氧化碳封存技术相结合，完善了二氧化碳封存数值模拟技术，创立了整套安全、环境监测体系，作为碳捕集及封存技术重要的产学研一体化研究平台，得到了国内、国际上的广泛认同。

在该项目运行过程中，取得了多项重要的科研成果：

（1）利用优化控制方法形成了连续完善的二氧化碳注入方案。

（2）采用数值模拟、工程类比和理论分析相结合的方法，确定了二氧化碳注入温度、压力、流量等重要参数。

（3）通过干扰测试获得了完整的地层压力系数、储层的有效渗透率、地层产能等地层渗流特性参数。

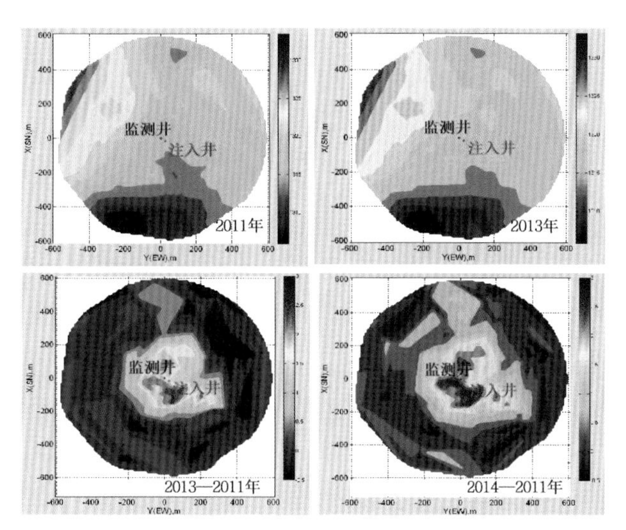

▲ 国家能源集团鄂尔多斯封存项目二氧化碳运移范围

（4）建立了碳捕集及封存技术的全流程运行、监测数据库系统和目标区地质模型。

（5）掌握了储层的动态地质评价分析方法。

鄂尔多斯碳捕集与封存示范项目的成功实施，对中国探索二氧化碳的捕获手段、地质封存方法具有重大意义。同时产生的二氧化碳还被当地用来扑灭煤田火，开发了二氧化碳资源化利用的潜力，在未来将会产生积极而深远的影响。

第六章 为了我们的绿色未来

未来是什么样子？估计每个人都有不同的答案。乐观主义者的未来是星辰大海，悲观主义者的未来是末日废墟，这些都可能是人类所需要面对的未来。不过，真正的未来并不取决于某个人的幻想，而是由我们所有人现在的所作所为来决定。

工业革命、科技革命极大地提高了人类掌控大自然的能力，同时也悄无声息地喂养着二氧化碳这只“老虎”，当人类终于注意到自己正在养虎为患时，这只“老虎”已经成了一个令人恐惧的庞然大物，而且在继续长大。

气温不断升高、极端气候频现、两极冰川融化……不管你是否相信，二氧化碳造成的温室效应已经在无声无息地改变着整个世界的环境，给人类的未来笼罩上了一层不祥的阴霾。如果照这个趋势发展下去，我们的子孙后代在未来将要面对一个怎样的地球？

▲ 牧场也是排放温室气体的大户

我们必须做点什么，控制碳排放，减轻温室效应，已经成为一件刻不容缓的事情。

作为应对二氧化碳排放的有效手段之一，碳捕集、利用与封存技术越来越受到重视，成为中国实现碳达峰、碳中和目标的重要助力。

前路荆棘遍布

新技术的发展和应用从来不是一帆风顺的。火车刚发明出来的时候连马车都跑不过，因此被当时的人们嘲笑了很长时间，不过这并不妨碍它成为人类历史上最重要的发明之一。

毫无疑问，碳捕集、利用与封存技术目前仍然存在很多的问题，而且这些问题都很难在短时间内解决，在发展和推广的道路上可谓荆棘遍地。

越来越高的碳排放

工业革命爆发以来，人类社会的科技、经济、人口都开始出现爆发式的增长，随之而来的是越来越多的能源、食物需求，以及越来越庞大的二氧化碳排放量。可以说，近些年来，人类社会的高速发展就是建立在越来越高的碳排放基础上的。

人类社会的发展离不开能源，而燃烧化石燃料的发电厂是现今规模最大的二氧化碳排放源。为了减少二氧化碳的排放，人类一直在尝试开发清洁、环保的新型能源，例如核能、太阳能、风电、水电等，并取得了巨大成就。但目前这些新型能源还无法满足仍在增长的能源需求，普及性、稳定性和易用性与化石燃料发电厂还有很大差距，因此在今后很长一段时间之内，化石能源仍将占据主导地位。随着人口和经济规模的不断增长，对于能源的需求可能还要继续增加，二氧化碳的持续排放将给地球的环境造成更大的负担。

汽车、轮船、飞机等交通工具也是重要的二氧化碳排放源，人类社会的经济发展带来更多的交通需求，特别是私家车的规模不断扩大，造成二氧化碳的排放量越来越大，不过受限于碳捕集技术的局限，在目前的条件下很难对交通工具排放出的二氧化碳进行捕获。

农业同样是碳排放的重要源头。在世界上的很多地方，农田的不断扩张侵占了当地森林、草原和湿地，不但破坏了吸收二氧化碳的“碳仓库”，还造成原本被固定的二氧化碳重新被释放到空气中。现代化农业也被称作“石油农业”，生产过程中需要使用大量的化肥、农药，并使用大型农业机械进行耕作，需要消耗大量的石油，同时排放出数量惊人的二氧化碳。

碳捕集的经济账

在人类社会中，一般活动人们都需要考虑成本和收益，一旦收益低于成本就很

▲ 燃烧化石燃料的发电厂是现今最大的二氧化碳排放源

▲ 汽车等交通工具也是重要的二氧化碳排放源

难长期持续，这是基本的经济规律，碳捕集、利用与封存技术的应用也是如此。

毫无疑问，采用碳捕集、利用与封存技术有助于降低二氧化碳的排放，但同时也会提高项目的成本。

以燃煤电厂改造为例，建设二氧化碳捕集装置的初期投入一般需要数亿元甚至数十亿元，改造期间还会因为停产造成额外的损失，对于电厂来说，这都是一笔难以承受的费用。

改造完成后，二氧化碳捕集设备的运行需要消耗能量，还需要补充各种消耗品，对于电厂来说，这些都会增加成本。根据估算，燃煤电厂使用二氧化碳捕集设备之后，其发电成本会上升 20% ~ 70%，在捕获设备发生损坏、泄漏等极端事件的时候甚至还可能会更高。

二氧化碳捕集装置的产品是二氧化碳，虽然二氧化碳可以作为资源进行出售和使用，但是市场容量较小，很难消化燃煤电厂捕获的大量二氧化碳，其中的大部分都需要注入地下进行封存，运输、封存的过程都会产生大量的成本。

▲ 燃煤电厂

仅从经济学角度来看，碳捕集、利用与封存这项技术目前无法取得直观的收益，这在很大程度上阻碍了社会资本对相关技术的投入，限制了这项技术的推广和应用。

安全，还是安全

▲ 国家能源集团国神宝清煤电化公司

对于未知，人类有一种天然的恐惧，这种恐惧并不是坏事，在很大程度上保证了人类文明的延续，不过这种恐惧也在很大程度上制约了新技术的发展。

相比经济效益，安全性对一项新技术来说显得更为重要，对碳捕集、利用与封存技术来说亦如此。

二氧化碳是一种无色、无味的气体，在低浓度下不会对人体造成伤害，但是一旦在空气中的浓度超过10%，就会致人窒息、昏迷甚至死亡，而且二氧化碳的密度比空气大，在浓度高时容易积聚在低洼处，对误入其中的人畜造成伤害。

▲ 实验室二氧化碳吸附剂评价装置

碳捕集的技术已经较为成熟，其运作过程一般在电厂或化工厂范围内，依托成熟的安全管理规范，在生产过程中运用合理的监测技术，安全性可以得到足够的保障。

碳封存技术在理论上具有很高的安全性。但相对碳封存数百、数千甚至数万年的周期，目前相关研究持续的时间还比较短，对于封存二氧化碳可能造成的长期影响仍需进一步研究。另外，在地震等极端条件下如何保证封存二氧化碳的安全性，也是一个需要考虑的问题。

艰难的推广

降低碳排放需要全人类、全世界共同的努力，仅凭少数国家无法完成这项艰难的任务。

对于那些处在战乱、饥荒威胁下的欠发达国家来说，人们如何活下去才是最重要的事情，吃饱饭、穿暖衣已经是奢望，至于碳排放、温室效应，他们可能从来没有听说过，也没有能力去关心。

对于大多数发展中国家来说，想要过上更好的生活就要发展经济，为此可以付出牺牲生态环境的代价，即使了解二氧化碳排放造成的危害，如果没有足够的经济利益，也很难让他们对国内的碳排放进行有效的控制。

经济发展水平较高的发达国家对二氧化碳排放造成的环境危害最为重视，对于相关研究的投入也最多，取得了许多成果，但是其对能源、商品的庞大需求以及具

▲ 发达国家

▲ 发展中国家

有浪费性、不环保的生活方式同样也产生了巨大的二氧化碳排放。除此之外，发达国家在历史上排放了大量的二氧化碳，已经对地球生态造成了很大的影响，从某种意义上来说，这是他们的“原罪”，必须用实际行动进行补偿。

中国是著名的“世界工厂”，生产的商品供应全世界，这个过程中必然要消耗大量的能源，所以中国的碳排放水平比较高，对环境造成了很大的压力。中国具有丰富的煤炭资源，石油和天然气的储量较少，出于能源安全和经济效益等方面的考虑，在今后相当长的一段时间里，煤炭仍将在中国的能源供应中居于主体地位。在这种情况下，想要控制碳排放，碳捕集、利用与封存技术是为数不多的可行选择，但目前国内大多数人对这项技术仍然缺乏了解，如何推广这项技术，并让更多的人了解、认同这项技术，我们还有许多的工作要做。

我们仍将奋勇向前

碳捕集、利用与封存技术对于中国实现碳达峰、碳中和目标具有重要意义，是在发展经济的同时降低碳排放的重要手段。中国对碳捕集、利用与封存技术有巨大的潜在需求，同样也具有巨大的潜力，推动这项技术的发展和应用，使其在节能减排的战役中发挥出应有的作用，是必须审慎考虑的问题。

通往未来的路

目前的碳捕集、应用与封存技术并不完善，在很多方面都有一定的缺陷，从另一个角度来说，有缺陷就意味着这项技术仍有广阔的发展空间。

现有碳捕集系统的建设投入和运行成本都比较高，在很大程度上阻碍了这项技术的应用和推广。通过开发高效、廉价、无污染的新型吸收、吸附材料，设计紧凑、节能的吸收装置，可以有效降低碳捕集设备的运作成本。

目前二氧化碳产品的利用方式有很大的局限，二氧化碳的消耗量较小。开发高效的二氧化碳利用方式，特别是采用二氧化碳作为原料进行化工生产，能够极大地提升二氧化碳作为资源的价值，在创造更多效益的同时减少碳排放量，同时降低化工产业对石油资源的依赖，可谓一举多得。

无法被利用的二氧化碳会采用地下封存的方式进行处理，目前对于二氧化碳地下封存的相关研究较少，需要通过监测获取更多数据，进行更加深入的研究，从而制定出更加安全、经济的封存方案。

目前对碳捕集、利用与封存的研究大多集中在技术方面，对设备制造、设施建设、运行规范等方面的研究较少，缺乏统一、科学、明确的规范体系，造成了各个项目、设备、技术之间互不兼容，阻碍了碳捕集、利用与封存技术的发展和推广。当务之急是协调各方力量尽快建立一个具有权威性的组织机构，制定出一系列切实可行的标准规范，保证碳捕集、利用与封存技术有序、健康、快速的发展。

前面提到过，建设碳捕集设备需要大量的资金，碳捕集设备的运行也需要花费不菲的成本，而且不会有可见的经济效益产生。资本的本能是追逐利益，不会主动

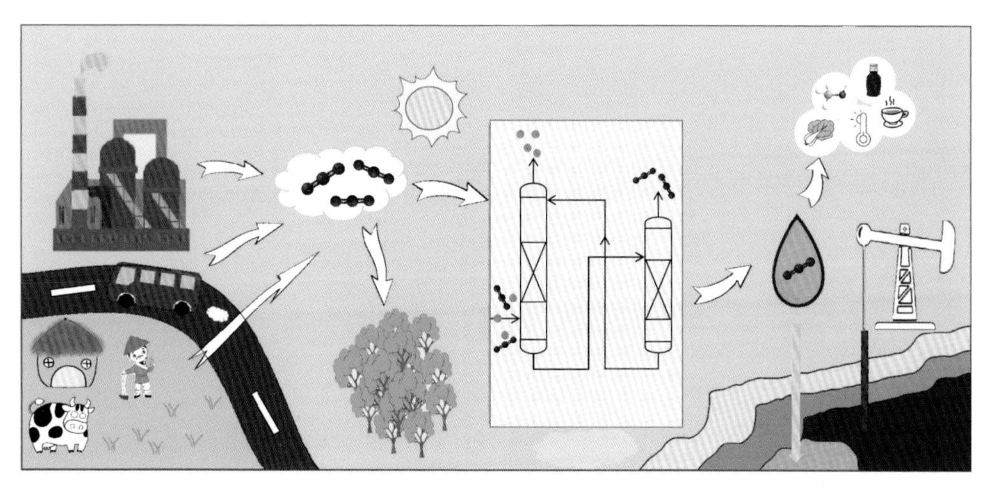

▲ 二氧化碳的产生及捕集、利用与封存全流程图

进入没有利益产生的领域，为了发挥资本的力量，就需要对其进行引导。

近年来，中国出台了一系列用于保护环境的法律法规，并制定了适合中国国情的环保政策，通过法规和政策来鼓励企业降低碳排放，并对破坏环境的行为进行严厉的惩罚。在这些法规和政策中，碳税和碳交易体系是非常重要的一环，对于减少碳排放，实现碳达峰、碳中和目标具有重要意义。

为碳排放付出代价——碳税

碳税是针对二氧化碳排放所征收的税务，通过按照煤炭、天然气、石油产品等化石燃料的含碳量进行征税，从而提高化石燃料和高耗能产品的价格，实现减少化石燃料消耗、降低碳排放、减缓温室效应的目标。

征收碳税的最终目的是减少以二氧化碳为主的温室气体的排放，从而减缓地球大气层因温室效应变暖的速度，保护地球的生态环境。碳税按照化石燃料燃烧后的二氧化碳排放量进行征收，降低碳排放可以减少所需要缴纳的税款，这就使低碳环保的生活理念具有了积极的经济意义，让节能减排变成一项有利可图的“生意”，

▲ 煤

▲ 天然气

让提高能源效率进行的投资可以得到相应回报，从而推动相关技术的研发和应用。

碳税使清洁环保的新型能源在成本上更具竞争力，从而推动新型能源的研发和应用。由于缺乏规模效应、技术不够成熟等原因，新型能源在开发及推广阶段的成本较高，无法与成本低廉的化石燃料进行竞争，通过对煤炭、石油产品等价格低廉的燃料征收碳税，可以缩小新型能源与化石燃料的成本差距，让新型能源能够拥有更广阔的发展前景。

碳税可以平衡税收。高能耗、高污染的企业侵占了更多的公共环境资源，理应承担更多的税务负担，而低能耗、低污染的企业能得到相应的税收减免。通过碳税收集到的资金可以用于补助进行节能化改造的企业，或用于环境修复及改善。

碳税让碳排放具有可预见性。碳税是对碳排放量进行定价，企业预先计算出自己所要支付的碳税额度，并通过投资环保技术、提升能源利用效率等方式降低自己所需缴纳的碳税，实现经济效益和环境效益的完美结合。

目前国际上有多种不同的碳税方案，其对征收碳税的方式也各不相同，商品生产和消费过程中的各个环节都可以成为征收碳税的节点。

生产环节一般是对能源产品的生产商之间的交易进行征税，例如煤矿出售煤炭给发电厂，油田出售石油给炼油厂。

分销环节一般是对能源产品的分销过程进行征税，例如发电厂将电力出售给供电局，炼油厂将成品汽油出售给加油站。

消费环节通过将碳税纳入油费和电费，直接对最终消费者收取。

税收是一个国家的根基，每一点改动都会在社会经济和人民生活等诸多方面造成广泛而深远的影响，碳税也是如此。

碳税会影响产品的价格，从而改变人们的消费习惯，达到减少碳排放的效果，一般来说，碳税越高，产品价格越高，减排效应也就越明显。

▲ 石油产品

▲ 碳税会影响产品的价格

碳税对于经济的影响是多方面的。一方面，碳税会降低消费需求，从而减少资本的收益，使其积极性降低，对经济增长产生抑制作用；另一方面，碳税可以增加政府收入，让政府能够扩大对新型能源等环保产品的投资规模，同时降低环境治理成本，对经济增长产生促进作用。

碳税会提升传统化石燃料的价格，促使消费者降低对传统能源的消耗，转向价格相对低廉的新型能源，从而达到调整能源结构的目的。

碳税同样有其弊端，会扩大资本与劳动收入的差距，加大社会分配的不公。碳税增加的生活成本对拥有大量资本、高收入人群的影响很小，他们还可以通过采用新技术等方式享受较低的碳税税率；对于低收入人群来说，碳税会让他们的生活成本大增，让原本拮据的生活雪上加霜。

从控制环境污染、节能减排的角度来看，碳税能够有效地减少二氧化碳排放，降低能源消耗，改善能源消费结构，但也会在短期内抑制社会经济的发展，降低经济整体活力，扩大贫富差距。征收碳税不仅要考虑可能带来的环境效果和经济效益，还要综合考虑社会效益、国家安全、产品的国际竞争力等方面，未来需要选择一条适合本国国情的发展道路。

可以买卖的二氧化碳排放权——碳交易

碳交易的全称是碳排放权交易，是温室气体排放权交易的统称。

1997 年 12 月，联合国政府间气候变化专门委员会在日本东京通过了《联合国气候变化框架公约》的附件——《京都议定书》，把市场机制作为解决二氧化碳等温室气体排放问题的新方法，这就将温室气体排放权成了一种具有稀缺性质的商品，对其进行交易买卖的过程就是碳交易。

按照《京都议定书》规定，发达国家应为减少温室气体排放承担更大的责任，但由于发达国家已经采用了大量先进技术，能源利用效率已经达到一个较高的水平，想要进一步减少碳排放需要付出很高的成本，每减排 1 吨二氧化碳，大约需要花费 100 美元以上，实施的难度比较大。而发展中国家的能源技术相对落后，能源利用效率低，具有很大的节能减排空间，降低同等碳排放量的成本要比发达国家低得多，这就形成了价格差。在降低碳排放量的领域中，发达国家有需求，发展中国家有供应能力，双方都有进行交易的意愿，碳交易就此诞生。

《京都议定书》制定了三种碳交易机制，分别是清洁发展机制、排放贸易和联合履约，这三种交易机制都允许作为《联合国气候变化框架公约》缔约方的国与国之间进行碳排放量的交易，但具体的规则与作用有所不同。

欧盟碳排放权交易体系是另一个带有强制性的地区性碳排放权交易市场，主要帮助欧盟各国实现《京都议定书》中所承诺减排目标。

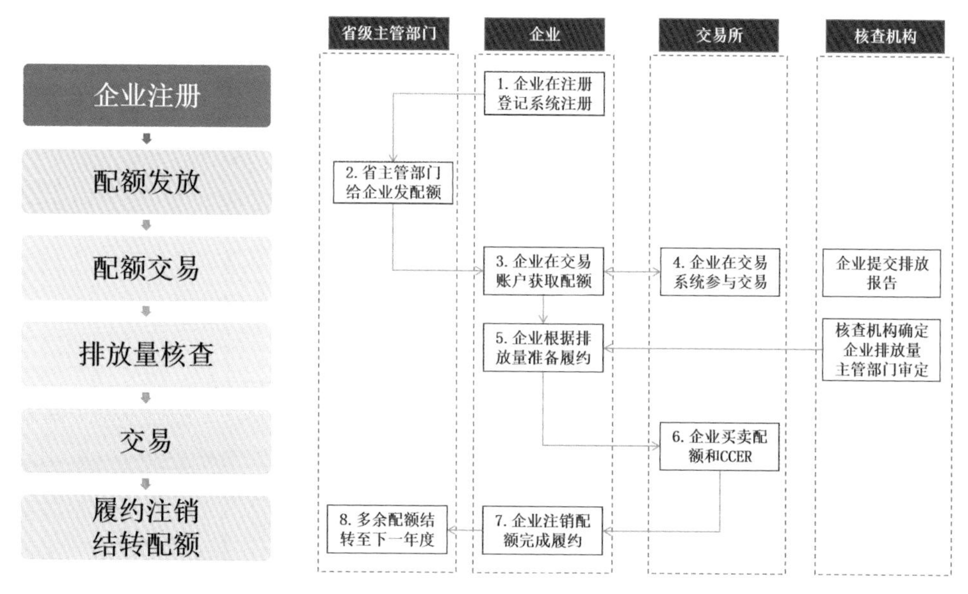

▲ 碳交易过程示意图

除了上述两个强制性的减排市场之外，还有一个自愿减排的碳排放权交易市场，主要是出售自愿减排指标。一些规模较大的公司或机构为了宣传自己的企业形象和社会责任感，会主动购买一些自愿减排指标来抵消日常生产、经营活动中的碳排放。

需要注意的是，国家之间的关系非常复杂，从来没有过真正的公平。发达国家和发展中国家之间的碳排放权交易虽然是一项能让多方得益的环保举措，但是在特定的时候也会成为某些国家进行经济控制、政治操弄、党同伐异的利器，甚至可以直接用来干涉他国内政，因此在国际间进行碳排放权交易时必须擦亮眼睛、保持定力，千万不能为了眼前唾手可得的经济利益而放弃未来长远发展的能力。

中国是世界上最大的发展中国家，也是全球最大的二氧化碳排放国，根据《联合国气候变化框架公约》规定，中国作为发展中国家，不承担有法律约束力的温室气体绝对总量的减排，但是中国作为一个负责任的大国，始终将降低碳排放作为一项重要的目标来抓，采取了一系列积极的政策和行动，其中就包括建设国内的碳排放权交易体系。

2011 年，国家发展和改革委员会确定将在北京、上海、深圳等城市开展碳排放权交易试点，并在 2013 年陆续建成并开始交易，经过多年的实践积累了丰富的经验，为研究与制定全国统一碳交易市场的交易机制、法规政策等提供了重要依据。

2021 年 6 月 25 日，中国全国统一的碳排放权交易市场开启，该市场的交易中心

▲ 清洁能源的基础建设是实现碳中和的关键

设在上海，登记中心设在武汉。

2021 年 7 月 16 日，中国碳排放权交易市场正式开始上线交易，发电行业成为首个纳入全国碳市场的行业，纳入重点碳排放单位超过 2000 家，成为全球覆盖温室气体排放量规模最大的碳交易市场。

通过建立全国范围内的碳排放权交易市场，可以实现具有威慑力的碳排放控制机制，引导企业积极采用节能低碳的新型技术来降低生产、服务过程中的二氧化碳排放，提升企业在世界产业链中的地位，促进整个中国的产业升级。

目标是碳中和

2020 年 9 月 22 日，中国在第七十五届联合国大会一般性辩论上郑重宣布，将在 2030 年前达到二氧化碳等温室气体的排放峰值，并努力在 2060 年前实现碳中和。这是中国对世界作出的庄严承诺，也是努力追求的伟大目标。

为了达到碳中和，可以通过植物造树造林、节能减排等形式抵消自身排放的二氧化碳，从而实现二氧化碳“零排放”。

实现碳中和是一个漫长而艰难的过程，需要经过所有中国人不懈的努力才能实现。在这个过程中，碳捕集、利用与封存技术毫无疑问将会起到重要作用，虽然这项技术现在并不完美，不过它拥有广阔的发展空间，未来会不断趋向完美。

通过运用碳捕集、利用与封存技术，让原本排放出大量二氧化碳的燃煤电厂可以实现“零排放”，带来巨大的环境效益。与此同时，依托于日益成熟的碳排放权交易体系，实现“零排放”还意味着巨大的经济效益，从而推动碳捕集、利用与封存技术的进一步完善和发展。

通往未来的路上也许遍布荆棘，但困难并不能阻止我们前进的脚步。

虽千万人，吾往矣。

为了绿色的未来

随着工业革命的爆发，人类社会开启了爆发式发展模式，在经济、科技不断进步的同时，人口膨胀、环境污染等问题也接踵而至。化石燃料的燃烧为社会发展提供了充沛的动力，同时也在释放出数量惊人的二氧化碳，让整个地球的温室效应愈演愈烈，不断上升的气温让冰川融化，海平面上升，冰雹、台风、干旱等极端天气出现得越来越频繁。按照这个趋势发展下去，地球现有的生态系统将会被彻底破坏，整个人类文明也会随之覆灭，这显然不是我们希望看到的未来。

为了让自己和子孙后代能够拥有一个美好的未来，我们需要做的事情有很多。

低碳生活

所谓低碳生活，是指通过采用节能环保的生活方式来降低生活中的二氧化碳排放量，从而达到保护环境的目的，让未来的人类能够生活在一个美丽、洁净、宜居的地球上。

▲ 在经济、科技不断进步的同时，环境污染等问题也接踵而至

低碳生活并不是号召大家隐居山林，过茹毛饮血的原始生活，更不是像极端环保主义者要求的那样摧毁整个工业文明，而是在日常生活中注意节约资源，减少能量的浪费，代表着一种更健康、更安全、更自然的生活态度，正在受到越来越多人的认可和接受，在潜移默化中对整个社会带来有益的改变。

为了实现低碳生活，我们可以做的事情有很多，例如，随手关紧滴水的水龙头，关掉不必要的照明灯光，夏天将空调温度调高 1 度，乘坐公共交通出行……这些都是所有人力所能及的琐碎小事，看起来很不起眼，但当整个社会的大多数人都这么做的时候，就可以带来惊人的收益，极大地减少能源消耗和二氧化碳排放量。

在如今的中国，随着生活水平的不断提高，人们对于幸福生活的认知也在不断发生改变，节能环保的生活理念越来越深入人心，低碳生活也逐渐成为整个社会推崇的生活方式。

节能减排、低碳生活不仅是更加健康、环保的生活方式，也关系到人类未来的长期战略。为了一个更加美好的未来，我们需要进一步提高生态环境意识，改变浪费、高能耗的生活方式，养成节俭、低碳的消费习惯，共同为减少全球温室气体而努力，这是每个人都应该承担的责任和义务。

比起普通人，企业在节能减排中需要承担更大的责任，可以通过采用低污染的新型能源，研发和使用新技术提升生产效率，运用先进的管理模式减少生产销售过程中的能源消耗，这些都是企业实现节能减排的必要手段。

在国家层面，应该大力提倡节能环保的低碳生活理念，通过碳税、碳排放权交易等方式引导企业降低生产过程中的碳排放，对高能耗、高污染的产业进行升级改造，对新能源研发提供各项支持，达到降低碳排放的目的。

清洁能源

能源生产行业是目前最大的碳排放源，想要降低这个领域的碳排放量，除了采用碳捕集、利用与封存技术将二氧化碳封存起来之外，还必须积极推进新型能源的开发和利用。

▲ 低碳生活

▲ 清洁城市

人类目前利用比较多的能源包括核能、太阳能、水能、风能、地热能等，相比化石燃料，这些能源具有低污染、可再生等优点，打破了以石油、煤炭为主体的传统能源观念，目前已经在人类社会的能源供应中占据重要的地位。

◆核能

与燃煤电厂相比，采用核反应堆发电的核电厂具有很大的优势。

核燃料具有极高的能量密度，以目前成熟的裂变反应堆为例，1 千克铀燃料在核反应堆内裂变产生的能量相当于 2500 吨标准煤燃烧所释放的热量，而且不会释放出二氧化碳等温室气体。

阻碍核电厂大规模应用的问题主要在于对安全性的担忧。在防护措施得当的情况下，核电厂几乎不会对周边环境造成污染，但是一旦核反应堆发生故障，或遭遇地震、洪水等意外事件，就可能造成严重的核泄漏事故，对周边的环境造成巨大破坏，苏联的切尔诺贝利事件、日本福岛核事故都是惨痛的教训，其对环境造成的影响将持续数百年。针对这些问题，科学家正在开发本质上更加安全、核废料更少的新型核电技术，相信未来的核能将在碳中和背景下，在人类能源安全供应中发挥积极作用。

▲ 核电站

▲ 国家能源集团国华投资新疆公司和硕光伏发电站，装机容量30兆瓦

▲ 水能

◆太阳能

太阳是地球最大的能量来源，地球上的大多数能量都来自太阳，太阳每时每刻都在向宇宙空间辐射出大量的能量，而地球所接受的只是其中极其微小的一部分。这些能量对太阳来说微不足道，但对于地球来说却十分庞大。根据计算，每年到达地球表面上的太阳辐射能总量约相当于130万亿吨煤炭燃烧释放出的能量，从这个角度来说，太阳能是世界上可以开发的最大能源。

太阳能是整个地球生态系统的能量来源，植物和某些微生物可以通过光合作用将太阳能转化为碳水化合物中的化学能，为整个地球生态系统供应能量，催生了地球上丰富多彩的生态系统。

太阳能是一种非常优秀的能源，基本上不会对环境造成任何污染，而且取之不尽、用之不竭。阳光普照大地，在地球上就可以接收到太阳能，无须开采和运输。不过太阳能的缺点也同样明显。首先是能量分布在较大的范围内，能量密度较低；其次是不稳定，昼夜交替、四季轮转以及天气阴晴都会影响获取能量的多少；最后就是能量转化效率低，目前太阳能发电装置的转换效率最高也只有不到30%。

即使在利用太阳能的过程中还存在某些问题，但太阳能仍然是未来最重要的能源。当化石燃料燃烧殆尽的时候，

▲ 风力发电

太阳仍将在天空中发光、发热。

中国对于太阳能的利用能力位于世界前列，是全球最大的太阳能热水器生产和使用国，也是太阳能光伏发电系统的重要生产国，太阳能相关产业的规模位居世界第一。

◆水能

奔流的江河中蕴含着巨大的能量，通过兴建水电站，可以将这些能量转化为电能，为生产、生活提供能量。

水能是一种可以循环再利用的可再生清洁能源，水力发电效率高，发电成本低，技术成熟，对环境的破坏相对较小；缺点是受自然条件的影响较大，只能在特定的地点修建。

中国是世界上水力资源最丰富的国家，据统计，中国水力资源可开发装机容量超过 4 亿千瓦。中国一直在致力于水力资源的开发和利用，在黄河、长江等河流上建设了大批水电站，其中包括葛洲坝、三峡、白鹤滩等举世瞩目的大型水利工程，水力发电总装机容量排名世界第一，为节能减排作出了巨大的贡献。

除了河流，大海也蕴含庞大的水能，波涛、潮汐、洋流中都蕴含着巨大的能量，具有很大的开发潜力。

▲ 夕阳下的风车

◆风能

由于太阳辐射造成地球表面各部分受热不均匀，导致各地区的气压高低不等，空气从气压较高的地方流向气压较低的地方，这样就形成了风，其中蕴含的能量称为风能。

风能是可再生的清洁能源，储量大、分布广，但能量密度较低，通常只有水能的数百分之一，并且非常不稳定。

早在公元前，世界各地的人们就开始利用风能，例如使用风帆给船只提供动力。风车的出现拓展了风能用途，用来带动机械进行磨面或抽水等。

现代对于风能的利用是使用风力发电机将其转化为电能，特别是在海岛、山区、草原等远离电网的偏远地区，风力发电可以为周围的居民提供清洁、稳定的能源供应，具有十分重要的作用。

中国具有十分丰富的风能资源，开发潜力巨大，随着越来越多的风能发电厂不断建立，风能在未来将会成为中国重要的能源组成部分。

◆地热能

地热能来自地球内部灼热的熔岩，根据统计和推算，每年从地球内部传到地球表面的热量大概相当于燃烧370亿吨煤所释放的热量，具有广阔的开发和应用前景。

地热能目前主要用来发电，全球地热发电的装机总容量已达数百万千瓦。除了用于发电外，还可以直接利用地热水对建筑或温室进行供暖，也可以发展温泉旅游项目。

中国具有丰富的地热资源，主要分布在西藏、云南和台湾等地区，但是这一领域相关的研究和开发目前还比较少，因此其具有很大的发展潜力。

植树造林

森林是重要的“碳仓库”，可以吸收并封存大量的二氧化碳，对于降低大气中的二氧化碳浓度具有重要的意义。

植树造林通过人工种植的方式增加森林面积，是一种行之有效的生态干预手段，在减缓温室效应、保持水土、防风固沙、净化空气等多个方面都具有十分重要和长远的意义。

中国一直十分注重植树造林的工作，将每年的3月12日定为植树节，进行全民植树和相关的宣传活动。经过数十年的努力，中国在植树造林领域取得了令人惊叹的成果。

截至2018年，中国人工林总面积超过了8亿亩，人工林年均增量和保存总面积分别占世界的53.2%和40%，位居世界第一。中国的森林总面积由中华人民共和国成立初期的12.42亿亩增加

▲ 森林

到 26.25 亿亩。在世界森林面积不断减少的大背景下，中国人正在通过自己坚持不懈的努力让国土上的绿色不断扩大。

在互联网不断发展的推动下，植树造林也有了新的形式。人们可以在手机上收集虚拟的“绿色能量”，然后将这些能量换成一棵真实的小树苗，种在千里之外的荒漠地区。这种新颖的植树方式受到了许多人的欢迎，人们用这种方式来实践自己节能减排、低碳生活的理念。

种下一棵树，造就一片林，给子孙后代留下一个绿色的地球。

未来就在眼前

随着人类社会的不断发展，越来越多的二氧化碳被排放到大气中，愈演愈烈的温室效应已经成为“房间里的大象”，到了绝对无法忽视的地步。我们曾经在科幻

▲ 我们希望看到的未来

电影里看到冰川融化、海面上升的末日景象，现在突然发现，这个末日也许距离我们并不遥远。

温室效应，已经成为悬在全人类头顶的一把利剑。

我们应该怎么做?

中国的经济仍然处于高速发展阶段，未来对能源的需求还会越来越大。虽然中国已经在大力发展清洁能源，但在未来相当长的一段时间里，燃煤电厂仍将是最重要的电力来源。如何降低燃煤电厂的碳排放，是一个迫在眉睫的问题。

我们必须要保护环境，但我们也要生存和发展，要让更多的人过上更好的生活，所以我们需要开发出更多的新技术，用不断发展的科技来平衡环境保护和经济发展之间的关系。

在这些新技术之中，碳捕集、利用与封存技术占据了十分重要的地位，它就像是一位不停追捕着二氧化碳的“猎手”，将二氧化碳这只“老虎”关到笼子里，让它不能再作恶，甚至成为我们未来发展的重要助力。

在很多人眼中，从空气中捕获二氧化碳这件事就像是科幻小说中描绘的未来场景，现在，科学家们正在一步步将它变成现实。

虽然碳捕集、利用与封存技术是一项新兴技术，在很多方面都存在着缺点和不足，但是它仍然是解决碳排放问题的重要手段，具有极大的发展潜力。随着研究的深入，碳捕集、利用与封存技术的吸收效率正在逐渐提升，同时运行成本正在降低，大规模应用的前景已经越来越清晰地展现在我们眼前。

未来已近在眼前，让我们一起张开双臂，拥抱更加美好的明天!